高等职业教育教材

智能水厂运营与维护

▶ 贾威 主编

▶ 温泉 副主编

ZHINENG
SHUICHANG
YUNYING YU
WEIHU

化学工业出版社

·北京·

内容简介

本书以党的二十大精神为指引，落实立德树人根本任务。本书的编写主要是为了适应高等职业教育以任务驱动、项目导向为核心的“教、学、做”一体化的教学改革趋势。本书在内容上强调面向职业、任务驱动、项目导向；在风格上突显了以二维码为技术手段的特点，通过手机等现代通信手段实现了从平面到立体、从书本到多媒体的转变，从而激发学生的学习热情。

本书编写教师积极到行业、企业等地去调研考察，特别是吸收了行业企业相关专业技术人员组成了教材编写团队，并结合生产实际情况展开职业技能培养和训练，体现现代化工教育理念，强调安全意识、环保意识及团队意识的培养。在实训考核标准方面，体现企业管理标准、企业的岗位技能要求及相关的职业资格标准，体现工学结合、能力本位和证书教育思想。

本书可作为高等职业教育环保类专业的教材，也可供水厂技术人员、管理人员阅读，还可作为水厂职工岗位培训用书。

图书在版编目（CIP）数据

智能水厂运营与维护 / 贾威主编. —北京：化学工业出版社，2024. 7

ISBN 978-7-122-45440-9

Ⅰ.①智… Ⅱ.①贾… Ⅲ.①水厂-运营管理-教材 Ⅳ.①TU991.6

中国国家版本馆CIP数据核字（2024）第077328号

责任编辑：李仙华　　文字编辑：张　琳　杨振美
责任校对：李露洁　　装帧设计：史利平

出版发行：化学工业出版社（北京市东城区青年湖南街13号　邮政编码100011）
印　　装：北京七彩京通数码快印有限公司
787mm×1092mm　1/16　印张 $7\frac{1}{2}$　字数174千字
2024年9月北京第1版第1次印刷

购书咨询：010-64518888　　售后服务：010-64518899
网　　址：http://www.cip.com.cn
凡购买本书，如有缺损质量问题，本社销售中心负责调换。

定　　价：32.00元

智能水厂是以新一代信息技术为手段，实现了生产、运行、维护、调度和服务等全过程各个环节之间的高度信息互通，构建的反应快捷、管理有序、高效节能、绿色环保、环境舒适的水厂。本书针对目前学生对“智能水厂运行与调控职业技能等级证书”的考证需求，弥补了学生无法充分掌握仿真操作中专业知识的不足，通过对智能水厂从工艺原理到操作系统的仿真模拟的完整描述，使学生对智能水厂仿真工艺原理、操作环境、控制系统、故障处理有更深的理解，力求为学校的职业技能考证环节搭建平台。

本教材共分六部分，第一部分为智能水厂概述，第二部分为智能水厂中控操作系统，第三部分为智能水厂智能监测系统，第四部分为智能水厂工艺流程运营与调控，第五部分为智能水厂典型工艺运营，第六部分为智能水厂常见事故处理。本书由贾威担任主编，温泉担任副主编，季宏祥、杨巍、刘慧聪参与编写。

本书在编写过程中着重突出高等职业教育特色，着力体现实用性和实践性，重视对学生关键技能的训练，并注重对学生信息处理能力、分析问题和解决问题能力的培养，为今后工作取得更大的发展做准备。同时，教材编写过程中注重体现“以学生为主体”“做中教、做中学”的方针。本书扎实推动党的二十大精神融入教材建设，通过知识与技能的学习，将精益求精的工匠精神、严谨认真的工作态度、崇高的人生追求有效地传递给学生。

本教材配套了微课视频，可通过扫描书中二维码获取。同时，本教材还提供有多媒体课件PPT，可登录 www.cipedu.com.cn 免费下载。

鉴于编者水平有限，时间仓促，在课程内容及结构安排等方面可能有疏漏和不足之处，在此真诚希望广大读者批评指正。

编者

2024 年 6 月

目录
CONTENTS

二维码资源目录

情景 1 “智能水厂”究竟长什么样子

素质目标

① 培养爱国情怀和民族自豪感。
② 培养质量意识、环保意识、安全意识、信息素养、工匠精神、创新思维。
③ 培养与职业发展相适应的劳动素养、劳动技能。

1.1 智能水厂

任务目标

① 掌握什么是智能水厂。
② 了解智能水厂信息化和数字化的含义。

任务综述

通过本任务学习，了解智能水厂的画面组成及设备运行状态。

学习内容

1.1.1 智能水厂简介

智能水厂是以新一代信息技术为手段，实现了生产、运行、维护、调度和服务等全过程各个环节之间的高度信息互通，构建的反应快捷、管理有序、高效节能、绿色环保、环境舒适的水厂，如图 1.1 所示。

目前的水厂从取水、絮凝、沉淀、消毒到送水等各个环节都需要人的参与和操作，比如中控室监控、定时巡检（图 1.2），以及日常报表统计、成本分析、水质化验等工作严重依赖人力。而智能水厂追求的是实现水厂运营少人化，将专家的经验数字化，并提供保存、复制、修改和转移的功能。

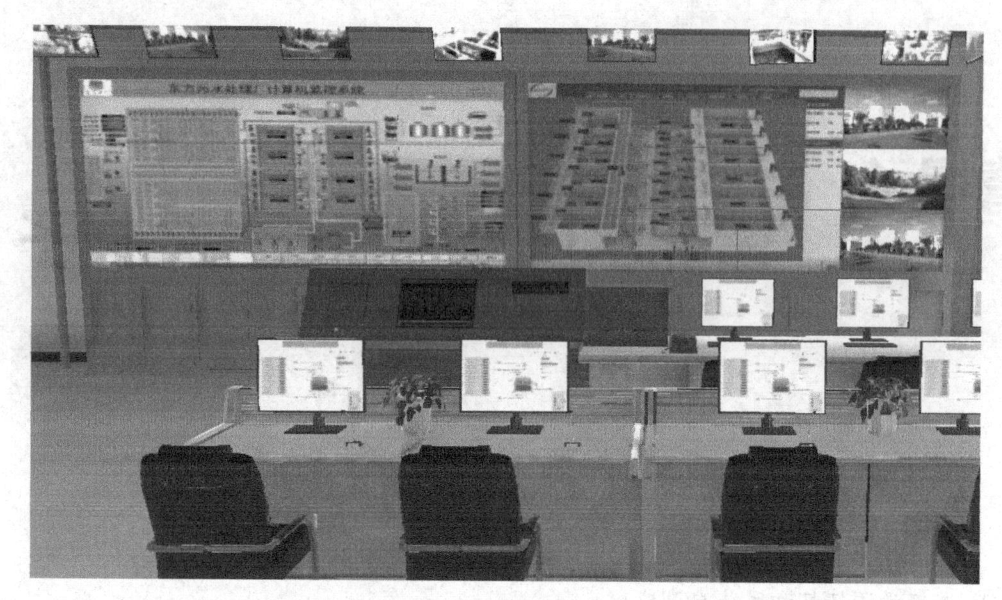

图 1.1　智能水厂

图 1.2　巡检现场

智能水厂利用数字转移技术，在水厂的真实世界和虚拟世界之间全面建立实时联系，见图 1.3。通过真实世界和虚拟世界的互通和互操作，构建虚拟仿真世界对真实世界的描述、诊断、预测、决策等新体系，从而优化水厂资源配置，实现对水厂工艺全生命周期和数据的全面实时管控，提升人们对工艺单元实体的掌控能力。在此基础上，可降低水厂运营风险，并有序减少对专家经验的依赖，实现少人化。

此外，智能水厂通过采用智能模型实现了节能降耗的目标。通过结合历史生产数据等因素，基于神经网络算法，科学地控制取供水量，并生成优化配泵方案，指导水厂按需定产，从而提高水厂产能及效率，最终达到节能降耗的目的。利用智能加药模型，逐步实现在无人干预的情况下自动加药。

目前，智慧水厂的建设还未完全达到理想状态，其原因是诸多设备所需的联动基建设施尚未达到要求，且要实现大面积应用也是一个不小的工程，时间与资金都是要解决的问题。不过，令人欣喜的是智慧水务的建设发展已经形成了不小的规模。

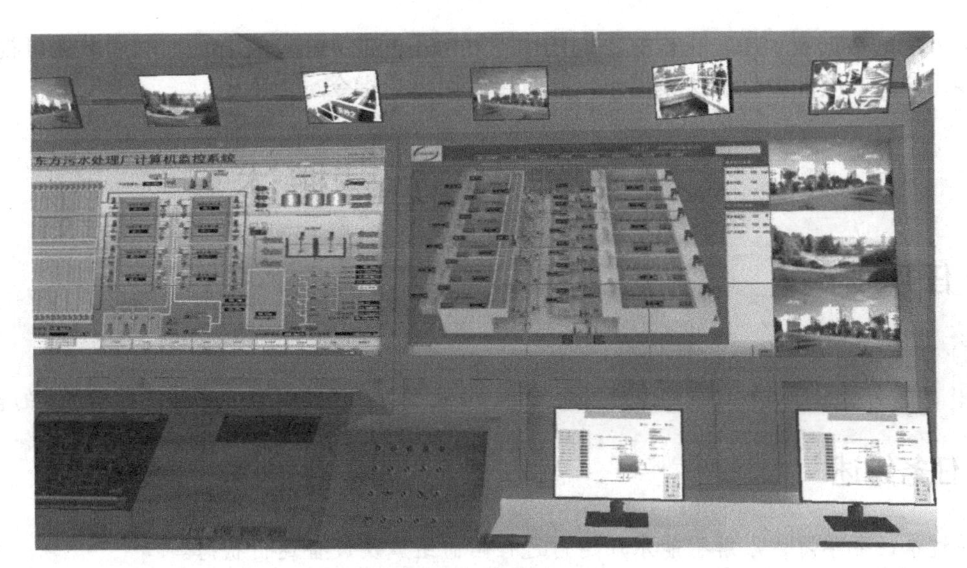

图 1.3　监控现场

1.1.2　智能水厂的信息化和数字化

智能水厂涉及供水（即自来水行业）、排水（污水处理行业）、原水（即水源地到自来水厂的过程）三大块，也可以泛指调水等水利行业。

1.1.2.1　信息化和数字化的区别

信息化指所用的信息系统依附于原有的组织机构关系，让原来的组织结构运行效率更高。比如用 OA（办公自动化）、ERP（企业资源计划）等，部门机构并未发生变化，只不过通过电脑、手机等设备完成了原本需要人工完成的工作。

数字化指所用的信息系统打破或重组了原有的组织机构关系，重新成立了一个高效的组织架构。以在线远传水表系统为例，如果抄表、计费、数据分析这一层机构还在的话，那就仍属于信息化的范畴，但如果管理者不需要抄表、计费等组织架构，系统可以正常运行，那就是实现了数字化。

总之，信息化和数字化在很多方面软硬件都是差不多的，二者更大的区别在于人的思维方式。

1.1.2.2　智能水厂的信息化和数字化的软硬件系统

第一层是数据采集层，通常利用在线传感设备，如远传水表、水质传感器、水压传感器、PLC（可编程逻辑控制器）控制设备等。

第二层是基础应用层，一般是指底层的应用系统，如 SCADA（数据采集与监视控制）系统、上位机控制系统、数字抄表系统等。

第三层是数据汇集层，将底层应用系统的数据按照一定的数据标准进行清洗和传输，进入各个有应用主题的数据集市或总的数据仓库等系统中。

第四层是数据计算层，指将标准化后的数据根据不同的计算模型进行运算分析，同时与数据展示层进行交互。

第五层是数据展示层，指根据不同的用户展示不同的人机交互界面，利用数据可视化技术展现用户所需要的数据和决策结果，同时接受用户的指令。

1.2 智能水厂运营概述

任务目标

① 掌握智能水厂的运行过程。

② 掌握智能水厂运行过程的系统画面构成、画面类型和用途，以及画面图标和信号的含义。

任务综述

通过本任务学习，了解智能水厂运行过程画面组成及设备运行状态。

学习内容

1.2.1 智能水厂单元概述

（1）智能生产管理　建立生产巡检系统、水质分析系统、应急处理系统等，利用视频识别、机器人等技术，及时发现和处理应急事件。

（2）智能故障检测　在污水处理厂的日常运行中，将悬浮物浓度过高、污泥膨胀、泡沫异常等数据和问题集成到系统中，不断积累经验，发展智能诊断和处置功能。

（3）智能运行　通过智能预报、自动控制来优化污水处理厂运行状态。根据系统日常运行数据（进出水量、进出水质、污泥量等）和设备参数状态（压力、流量等），达到安全运行、出水达标、经济高效的目的。

（4）智能原料管理　建立生产药剂、试验药剂等原材料仓储管理系统、供应商信息系统等，根据数据制订采购计划，合理储存进料。

（5）智能设备维护　重要设备建立在线监控系统，利用 BIM（建筑信息模型）技术建立设备档案管理系统、供应商信息系统和产品追溯系统，用于设备应用的智能维护。

1.2.2 智能水厂的功能

智能水厂可实现三维巡检、三维模型设备查找定位、全管道分层展示、设备实时数据展示、实时报警监控等 13 项常规功能。

（1）三维巡检　基于水厂产生的运维需求，定制个性化巡检路径，在三维场景中模拟巡检路径第一人称漫游，结合巡检点、设备和传感器的实时数据、视频监控，高效代替人工巡检，如图 1.4 所示。

（2）三维模型设备查找定位　在三维模型中快速定位任一设备的位置状态，方便运维人员及时排查、发现及修复问题，如图 1.5 所示。

（3）全管道分层展示　通过三维模型分层展示整个厂区的所有相关管道，如自用水管、雨水管、污水管、排泥管、回用管等，可用于员工培训或方便维修（如定位任一管线及管件），如图 1.6 所示。

图 1.4 巡检现场

图 1.5 排查现场

图 1.6 管道展示图

（4）设备实时数据展示　基于传感器上传设备数据，通过三维模型可直观地查看各个设备的实时状态，如水泵的开停、运行频率，进出水管的瞬时流量、压力等，见图 1.7。

图 1.7　设备现场

（5）实时报警监控　结合声光报警的相关硬件设施，将水厂报警分为三级处理提醒。通过传感器实时监测进出厂的水质、水压以及对重点设备，如搅拌机、离心泵、真空总管、加药泵等进行实时监控，甚至提前预警。每种报警附带相应的引导处理流程，让运维处理流程更加标准化，见图 1.8。

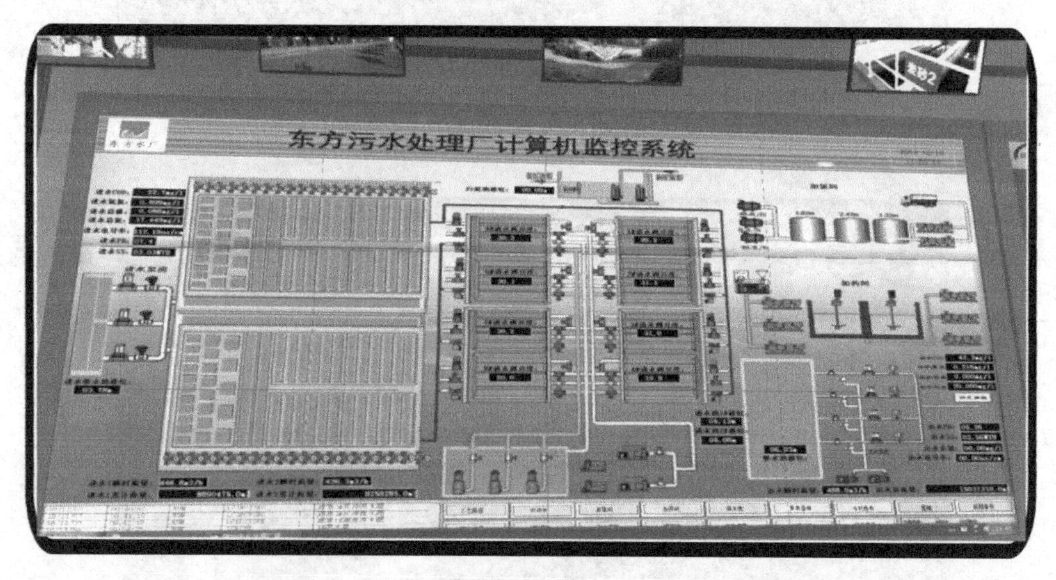

图 1.8　运维现场

1.3 智能水厂的优势

任务目标

① 了解智能水厂的优势。

② 能识别智能水厂画面中的设备、设施、仪表、工艺流程，并与现场实物对应。

任务综述

通过本任务学习，了解智能水厂的先进优势。

学习内容

智能水厂主要采用先进的自动控制方案来实现水厂无人或少人参与的制水生产过程控制。数字三维仿真包括生产运行仿真和管道设备仿真，为水厂安全运维提供保障。巡检及设备管理系统主要支持对水厂点巡检设备资产的完整生命周期的有效管理。水厂生产运维管理和能耗监测与节能分析可实时监控分析水厂能耗指标，并对水厂生产经营决策、管理、计划、调度、过程优化、故障诊断、数据建模分析等进行综合处理，让水厂达到更稳定、更高效的运行状态，以更低能耗为用户提供更优质的用水。

智能水厂通过搭载数据采集设备、水质检测传感器、压力传感器、智能水表、流量计等设备，对水务信息进行实时动态采集，重点关注各水厂水量、泵站的压力和流量等关键性指标。

智能水厂界面摒弃了以往传统的地图模式，采用更加简洁的六边形色块拼接出湖泊、水库等地形，河流分支则运用更加简化的线条予以展现，再选用不同颜色标明泵站、自来水厂、污水处理厂、非饮用水、饮用水水源及水源保护区域位置。如此设计更容易突出业务内容，让管理达到事半功倍的效果。

根据各地水务管理需求，通过对区域用水走势、供水量、水费总收益等层面信息的综合采集展示，准确获取各地区人口、水厂、水库、泵站的动态情况，并对应生成清晰简明的可视化图表，提高办公效率。支持基于时间、空间、质量等多维度监测管网漏损、水质超标或设备仪表超越阈值等类型的异常情况，自动触发报警装置，及时上报运维人员，辅助用户科学研判。这在一定程度上可降低设备故障损失和管网漏损率，避免了故障导致上下游设备出现的连锁事故，时刻保障用水安全生产。

可视化数据监管涵盖生产、运营、财务、民生等综合信息，打破了以往单一规划的管理形式，摆脱了碎片化、补丁式信息化建设，提供了综合分析辅助管理决策。

支持远程集中监控厂区作业，选择对应厂区，可呈现净水车间、清水池、加药间、送水泵房等工艺段设备的实时运转状态。应用 HT（基于 HTML5 标准的企业应用图形界面一站式解决方案）2D 渲染模型，可将泥阀、液池、阀门等设备、管线及其他生产相关的构筑物进行直观呈现，并在对应区域叠加关键仪表读数，选用不同颜色区分各管线运作内容。为保证水池液位水量充足且不溢出，系统可根据监控到的水厂水池液位，联动遥控泵阀的启停和水泵站运行频率，实现自动控泵和恒压供水。

针对关键路径系统进行巡查管护，精确覆盖重点区域目标，确保全厂设备、流程、工艺整体稳定运行，让水处理在质量、决策、效率方面取得显著提升。提供历史数据回溯查询，对特定时间段某一事件进行追溯和轨迹追踪，通过视频融合技术，将2D视频图像融合至场景的3D模型中，提供直观的视频图像和视图控制，如同身临其境地查看现场情况。

智能水厂有以下优势：

（1）实现水质24小时动态监控　智能水厂能直观地将制水过程，也就是净水过程展现出来。以前采用的方法是人工监控，现在则是自动化操作，方便技术人员随时掌握水质情况。

（2）按需分配管网，调度效率高　智能水厂改变了过去的传统方法，让管网调度更科学高效。打开管网优化调度系统操作平台，就能清楚地看到全县各区域的供水和用水情况，它可以根据监测的实时数据和历史数据，对用水量进行预测，产生优化调度方案，辅助调度人员决策采用何种优化调度方案，保障用户用水。

（3）促使水厂运营管理数字化、智能化、规范化　在“智慧水务”理念的引导下，采用数据采集、传输等传感设备在线监测水务系统的运行状态，并采用可视化的方式有机整合水务管理部门设施，形成“水务物联网”。

（4）服务便捷化　基于信息化技术，搭建城市水务统一门户平台，公众可以随时随地查询水务公共信息，同时还可以通过无线终端预约相关服务。

能力训练题

一、判断题

1. 中控远程操作前要观察“远程”指示灯是否亮起。（　）

2. 按照设备发生故障后对生产的影响程度，设备异常报警分为三级，最高级为三级报警。（　）

3. 在水泵自动运行状态下，仍可以通过紧急停止按钮停止水泵运行。（　）

二、选择题

1. 设备启停有就地模式和（　）模式。

A. 远程　B. 手动　C. 自动　D. 点动

2. 设备运行过程中，遇到紧急情况可按（　）按钮停机。

A. 停止　B. 远程　C. 急停　D. 开机

情景 2 智能水厂中控系统运营与调控

素质目标

通过本情景学习，提高学生在实际工作中科技创新的思维和方法。

2.1 中控系统

任务目标

了解中控系统，掌握中控系统运营与调控的基本知识。

任务综述

通过本任务学习，了解中控系统的画面组成、设备运行状态，学会判别仪表状态。

学习内容

中控系统汇集整个生产经营过程，为供排水企业的生产运营提供全面监控及预警报警、应急调度、决策分析功能，主要包括基础层、数据层、支撑层、主动决策支持与主动服务层。生产经营过程见图 2.1。

（1）采集实时数据　采集给水数据、排水数据以及环境数据，对这些数据进行数据治理、数据清洗，并将数据治理后的实时数据输入至给水水质预测模型、排水水质预测模型。模型分别输出给水水质预测与排水水质预测，输出成果为基于现有给水、排水工艺流程条件下的给水、排水水质预测算法分析模型。在工艺流程不变的情况下，能够实时预测给水、排水水质情况等关键参数，进而提供水厂运营决策。

（2）进行污水处理设备故障诊断　污水处理过程是非常复杂的生化反应，一旦设备发生故障容易引起出水水质不达标、运行费用增加和环境二次污染等严重问题，并且不同故障间可能存在相互关联，易产生链式反应，因此建立适应性更强的全厂逐级分布式故障诊断系统是一个可行的研究方向。

（3）设备健康管理　通过采集设备数据，实时获取设备的运行状态、关键参数等信息。通过提供的分析预测工具，进行动态监测、异常预警与故障预测，提升设备整体健康状况的可见性。

图 2.1　生产经营过程图

（4）管网漏损预测　管网漏损严重影响企业经济效益。根据实际供水数据、有效供水数据、管网状态数据以及检验数据，通过多种机器学习方法深入挖掘数据相关性，找出管网漏损原因，深入分析各个关键环节对应的漏损影响，结合专家经验，实现管网漏损时间预测，为保养维护提供依据，从而达到降低管网漏损率的目标。

（5）供水与用水需求优化　根据历史供水数据、历史用水数据、气候数据、管线水压数据等，找出供水用水规律，结合专家经验，实现供水预测，为调度优化提供依据，从而降低能耗，提高用户满意度。

2.2　中控系统上位机运营

任务目标

熟悉登录上位机监控系统，了解监控系统运行的基本状态和常规知识。

任务综述

通过本任务学习，了解中控系统上位机的画面组成、设备运行状态，掌握上位机的常规操作，能读取上位机仪表数据，判别仪表状态。

学习内容

（1）启动监控系统

① 轻按本系统计算机主机的电源键，开启计算机；

② 待计算机完全启动后，鼠标双击桌面图标 ；

③ 软件运行成功后，进入监控系统的登录界面。

其他登录方式：略。

中控上位机一般都设置自动启动，此操作即可省略。

（2）监控系统登录

① 点击“登录”；

② 选择用户名，输入密码（图 2.2）；

③ 登录成功。

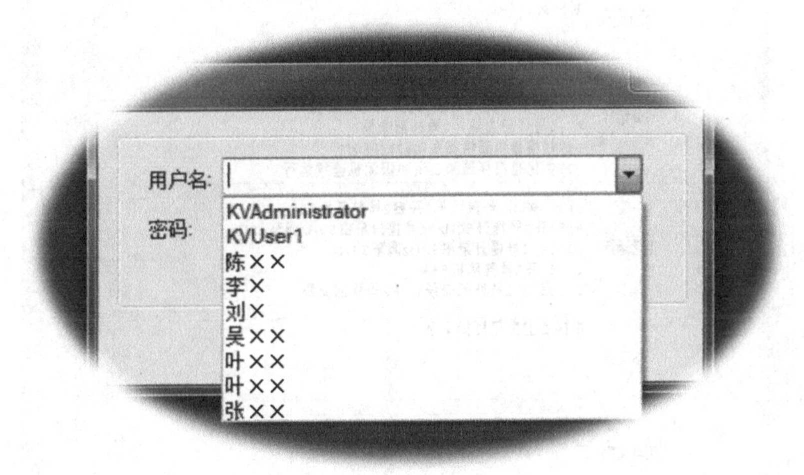

图 2.2　监控系统登录界面

（3）交接班界面操作

① 按中控系统右下角“退出”键，选择交接班或退出系统，见图 2.3。

图 2.3　中控系统退出界面

② 选择“交接班”出现登录界面，见图 2.4。

③ 登录后进入交接班操作界面，见图 2.5。

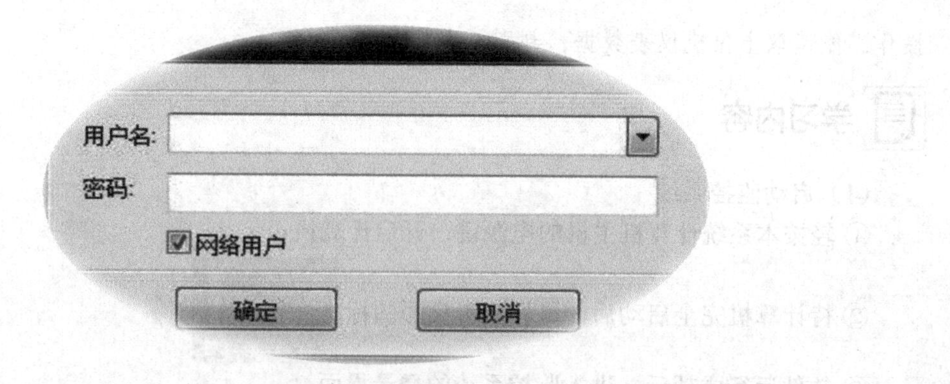

图 2.4 登录界面

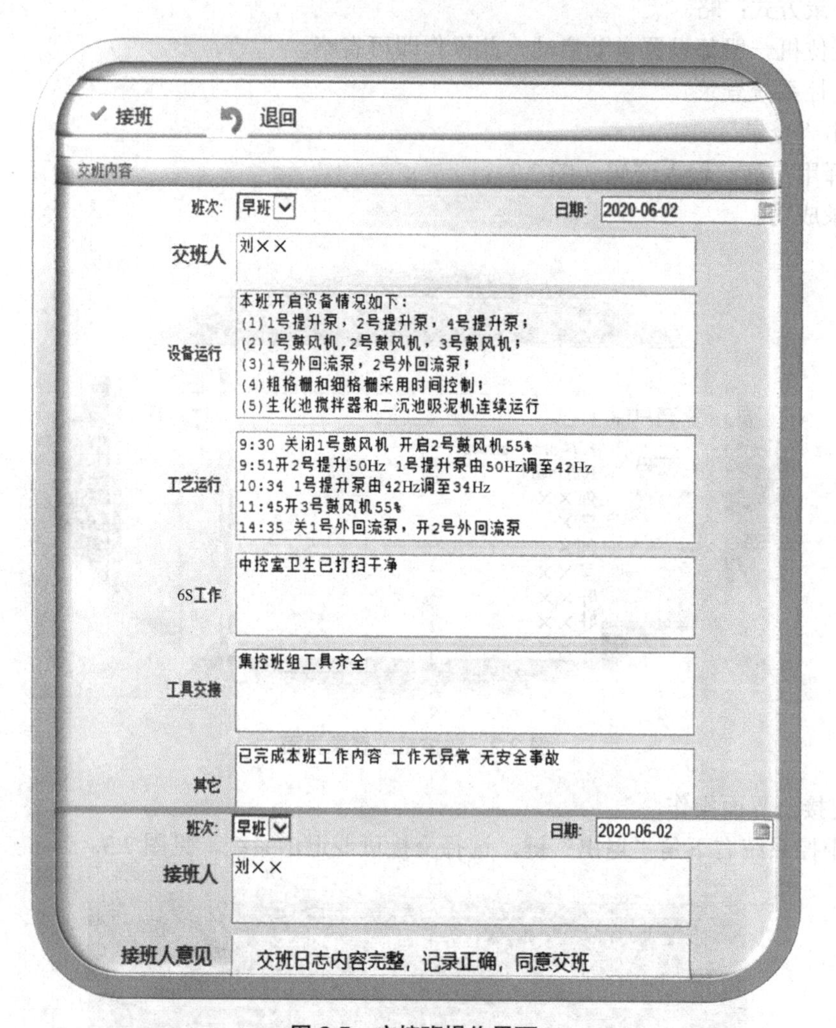

图 2.5 交接班操作界面

需要交班人进行的操作如下。

a. 当前当班人、班次自动生成，日期默认为当日，可进行修改。

b. 当班人填写设备运行情况、工艺运行情况、6S（指整理、整顿、清扫、清洁、素养、安全六个项目，简称“6S”）工作情况、工具交接情况等；查看报表数据、曲线完整性，分析异常数据拐点；设备报警以及异常、临时事件处理进展等事项需要填报清楚。

c. 值班记录可以多次填写。当班人可随时进行交班内容填写，每次填写完成点击“保存”。

d. 当交班时，当班人核实填写内容无误后点击“交班”按钮，即完成交班，见图 2.6。

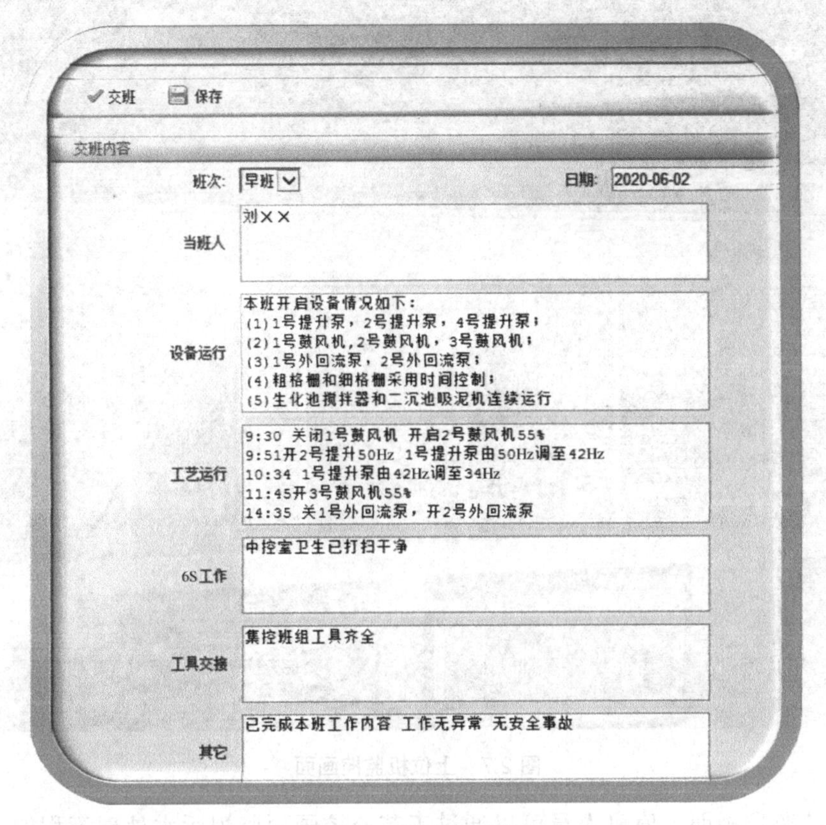

图 2.6 岗位操作界面

2.3 中控系统监控系统运营

任务目标

① 能调用各工艺流程监控画面。

② 能识记系统画面构成、画面类型和用途，以及画面图标和信号的含义。

③ 了解中控系统上位机监控画面构成。

④ 了解中控系统上位机监控画面类别及用途。

任务综述

通过本任务学习，了解中控系统监控系统的画面组成、设备运行状态，掌握上位机的常规操作，能读取上位机仪表数据，判别仪表状态。

学习内容

上位机监控画面见图 2.7，按照用途及功能一般可分为以下几类。

图 2.7 上位机监控画面

（1）工艺监控画面 值班人员可以通过工艺监控画面监视污水处理流程的工艺运行参数、水质数据及设备运转状况、实时报警信息等，图 2.8 为 A^2/O 工艺监控画面。

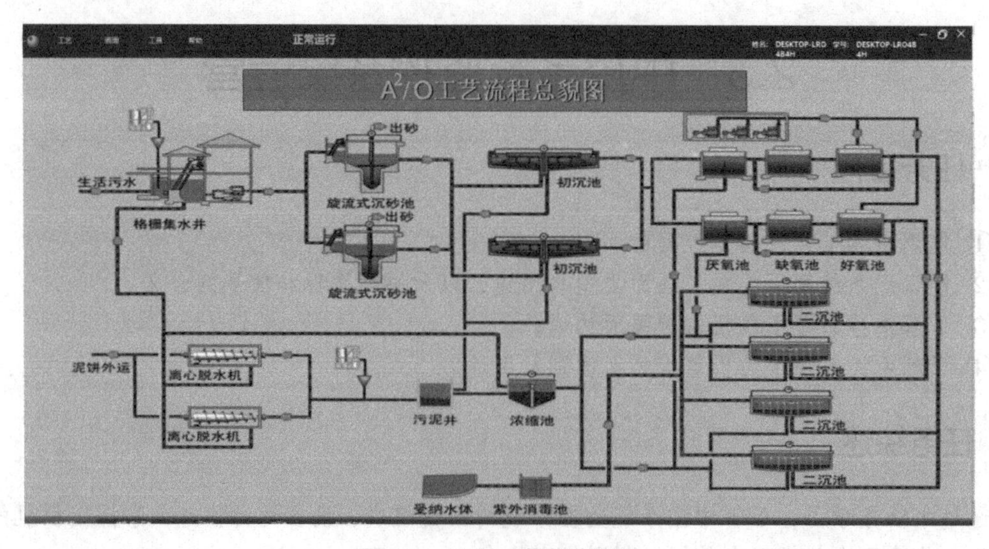

图 2.8 A^2/O 工艺监控画面

（2）设备操作画面　通过设备操作画面，可监视设备的运行状态，如设备运行参数、故障报警指示等；控制设备运行转速；查询设备历史操作记录。点击开停按钮可远程启动或停止设备。图 2.9 为格栅 - 提升泵房的操作画面。

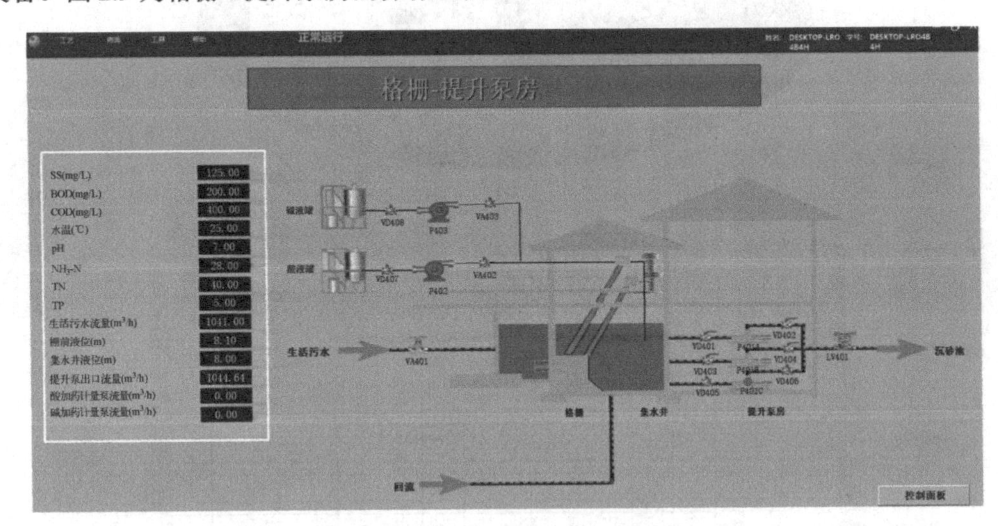

图 2.9　格栅 - 提升泵房操作画面

（3）报警查询显示画面　通过报警查询显示画面，可以实时看到所有设备故障发生的时间、故障消除的时间，便于故障追溯。同时，通过报警画面，还能够在最短时间内发现故障设备，减少设备故障扩大化。

（4）参数曲线显示画面　通过曲线查询，可以查看所有监控参数的曲线。通过调整开始时间与结束时间，可以查询一段时间内的参数变化曲线。图 2.10 为生化反应池的操作画面。

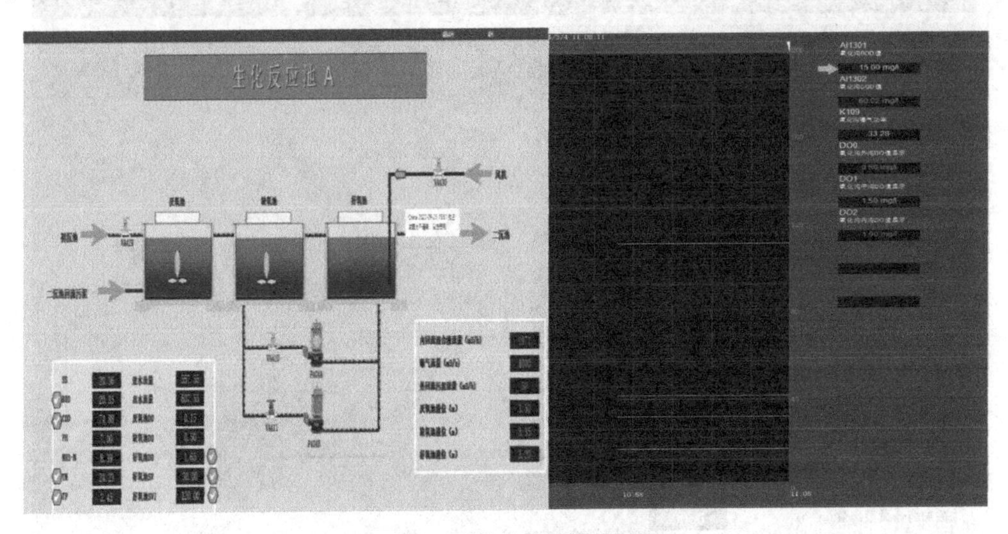

图 2.10　生化反应池操作画面

（5）数据报表查询画面　通过数据报表查询画面，可以直观地看到目前所使用仪表的数据传输状况；通过调整最上端的日期，可以进行数据的有效查询。数据报表查询画面见图 2.11。

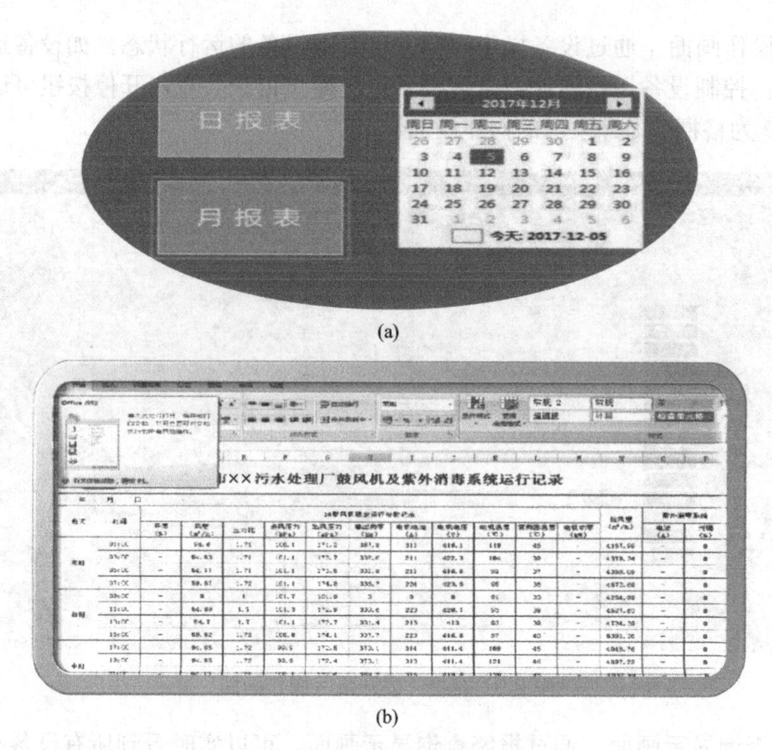

(a)

(b)

图 2.11　数据报表查询画面

（6）参数设置画面　参数设置画面如图 2.12 所示，用于设置和修改系统常用的默认值、设定值等。

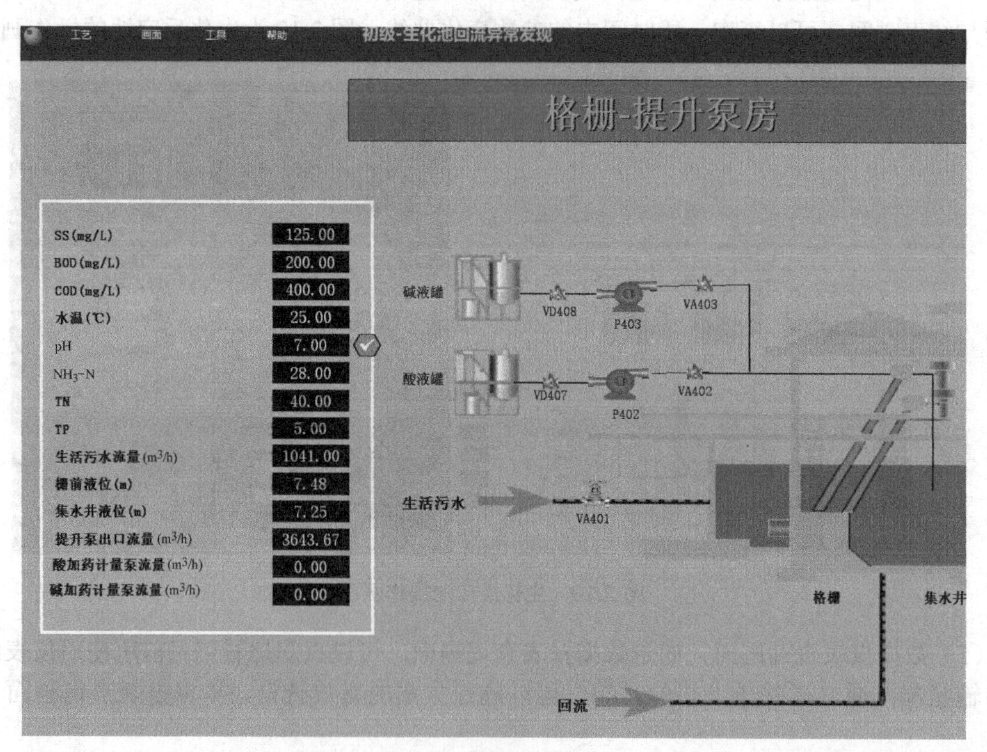

图 2.12　参数设置画面

2.4 中控系统工艺流程运营

任务目标

① 掌握中控系统上位机工艺流程监控画面的构成以及显示信号的分类。

② 熟悉通过上位机画面监控水厂的工艺流程。

任务综述

通过本任务学习，了解中控系统工艺流程的画面组成、设备运行状态，掌握上位机的常规操作，能读取上位机仪表数据，判别仪表状态。

学习内容

（1）工艺流程　工艺流程总图包括预处理单元、生物处理单元、二沉池单元、出水单元、脱水单元等主要工艺设备及状态。例如，A^2/O 工艺流程总图见图 2.13。

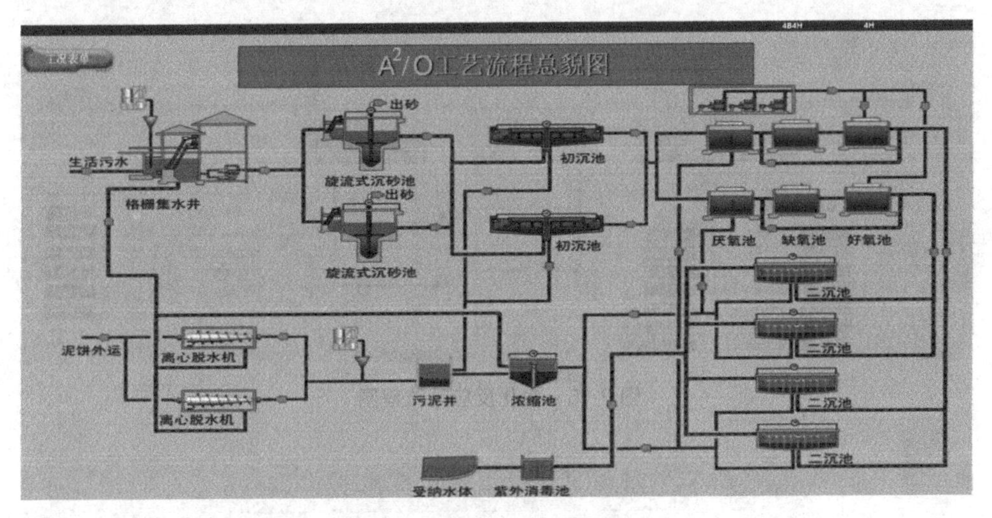

图 2.13　A^2/O 工艺流程总图

① 预处理单元。显示进出水指标如 COD（化学需氧量）、BOD（生化需氧量）、氨氮、SS（悬浮物）、pH、TP（总磷）、TN（总氮）、流量等，以及粗、细格栅初沉池等设备状态和提升泵主要阀门等。例如，初沉池流程图见图 2.14。

② 生物处理单元。显示 DO（溶解氧）、MLSS（混合液悬浮固体）等指标和搅拌器、推流器、内回流泵、加药系统等设备状态。例如生化反应池流程图见图 2.15。

③ 二沉池单元。显示二沉池液位、回流量等过程指标和外回流泵、剩余泵、刮吸泥机等设备状态，见图 2.16。

④ 出水单元。显示 COD、氨氮、SS、pH、TP、TN、流量等进水指标和紫外消毒设备等设备状态。消毒池流程图见图 2.17。

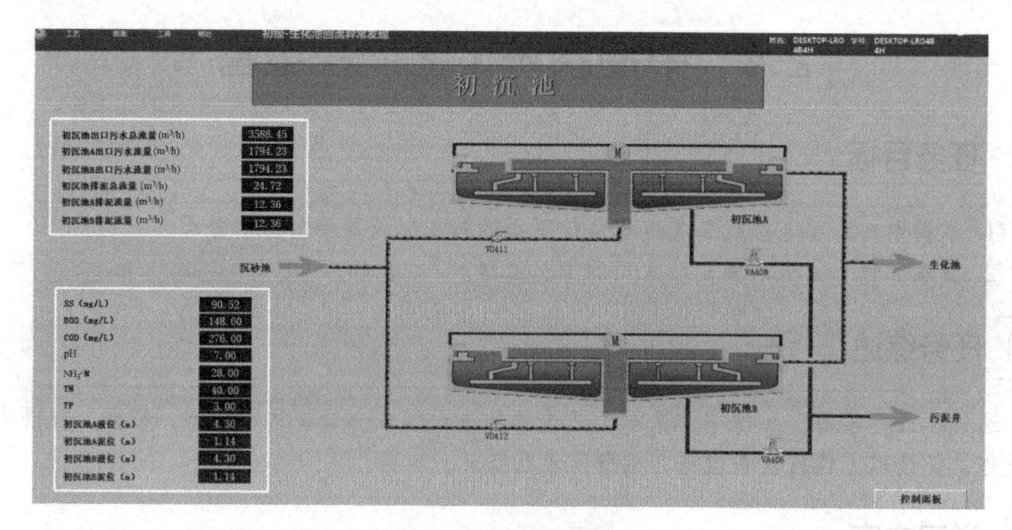

图 2.14　初沉池流程图

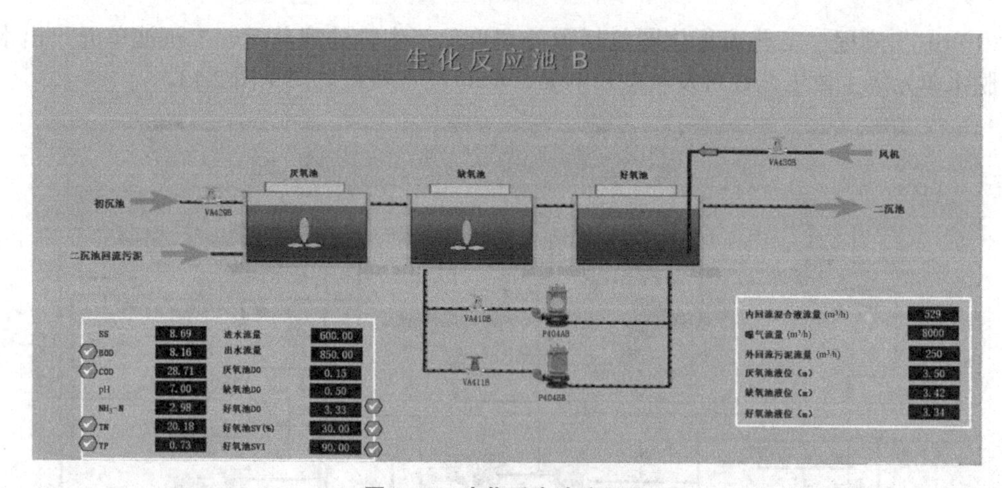

图 2.15　生化反应池流程图

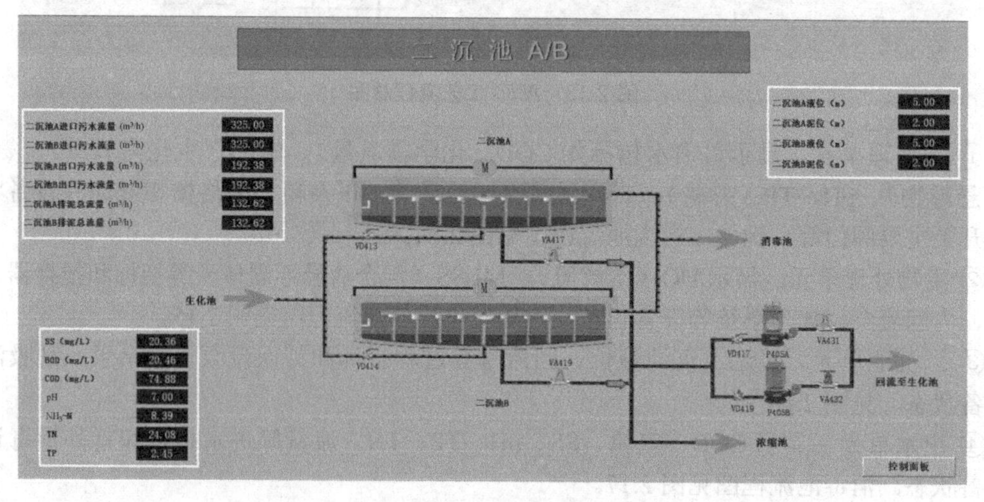

图 2.16　二沉池流程图

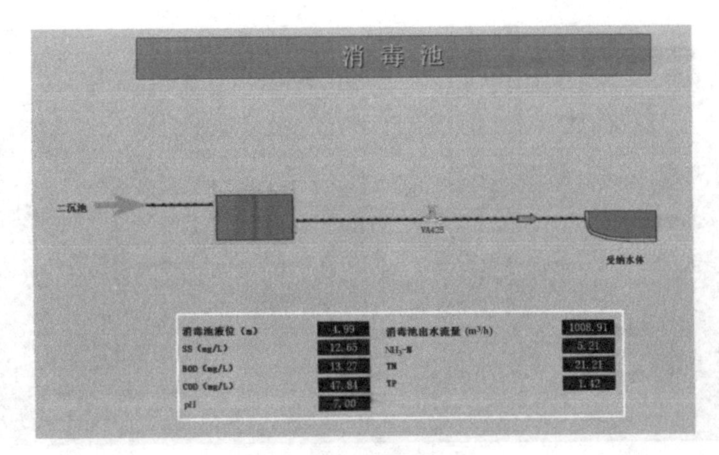

图 2.17 消毒池流程图

⑤ 脱水单元。显示储泥池液位、加压量、进泥量等指标和脱水机、进泥泵、加药泵等设备状态。污泥井和脱水机房流程见图 2.18。

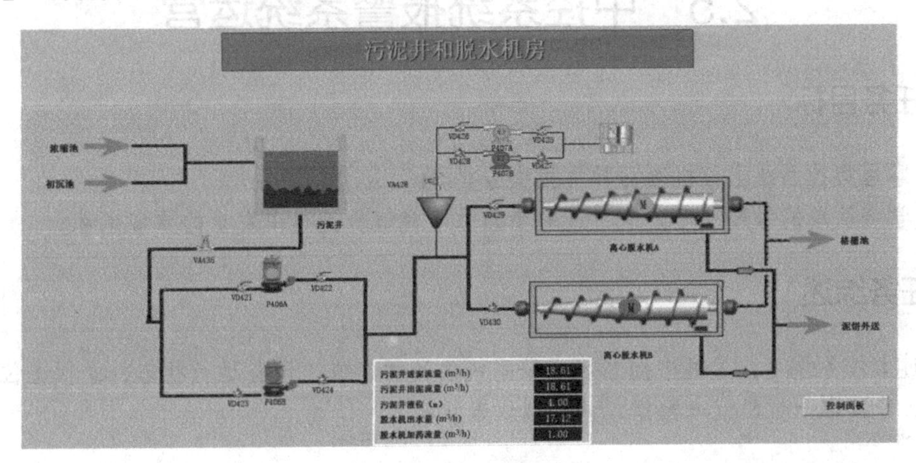

图 2.18 脱水流程图

（2）显示信号分类 显示信号分为常用设备状态符号（图 2.19）和常用图标状态符号（图 2.20）等。

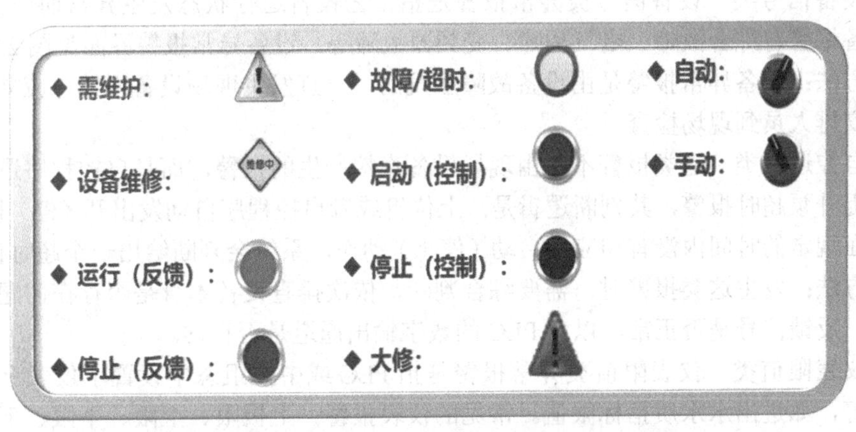

图 2.19 常用设备符号

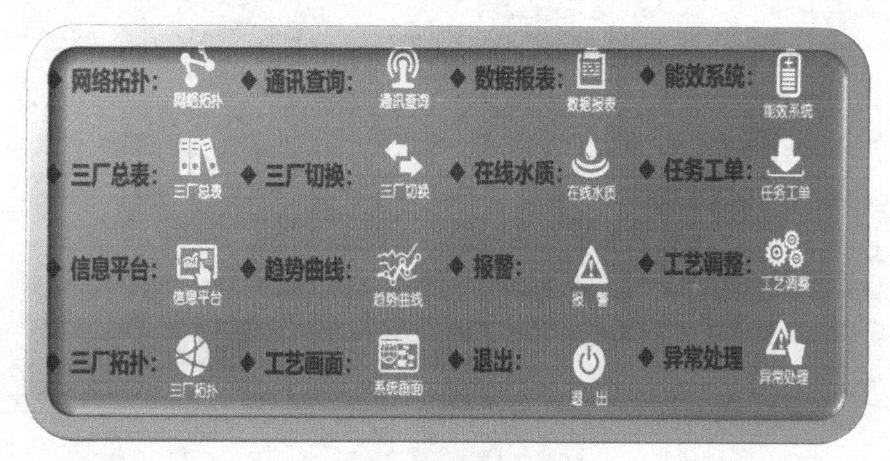

图 2.20 常用图标状态符号

2.5 中控系统报警系统运营

任务目标

① 掌握集控系统上位机画面异常报警分类。

② 学会简单的报警处理方法，进一步熟悉应对值班过程中发生的异常事件。

任务综述

通过本任务学习，了解中控系统报警系统的画面组成、设备运行状态，掌握上位机的常规操作，能读取上位机仪表数据，并判别仪表状态。

学习内容

上位机画面常见的异常报警类别可分为以下几类。

（1）设备信号类　设备信号类异常报警是指工艺设备运行状态发生异常而产生的报警。常见的设备报警有综合故障、电气故障、变频器故障等。设备异常报警界面见图 2.21。

处理方法：设备异常报警是由设备故障触发的，一旦发生现场设备报警，应立即停止该设备，并安排人员到现场检查。

（2）自控逻辑类　这类报警不是由现场设备直接产生的报警，而是自控程序逻辑判断产生的。如提升泵超时报警，其判断逻辑是：上位机或者自控程序自动发出开（停）机指令后，现场设备在规定的时间内没有相应地启动（停止）动作，系统会判断给出一个超时报警信号。

处理方法：发生这类报警时，需要综合判断，依次排查设备本身是否存在问题、执行器是否到位、反馈信号是否正常，以及 PLC 的数字输出通道是否正常。

（3）仪表限值类　仪表限值类异常报警是指 PLC 或中控组态中设置了仪表上下限值而触发的报警，如进出水水质指标限值。常见的仪表报警：上极限、上限、下限、下极限、数据迟滞报警等。报警界面见图 2.22。

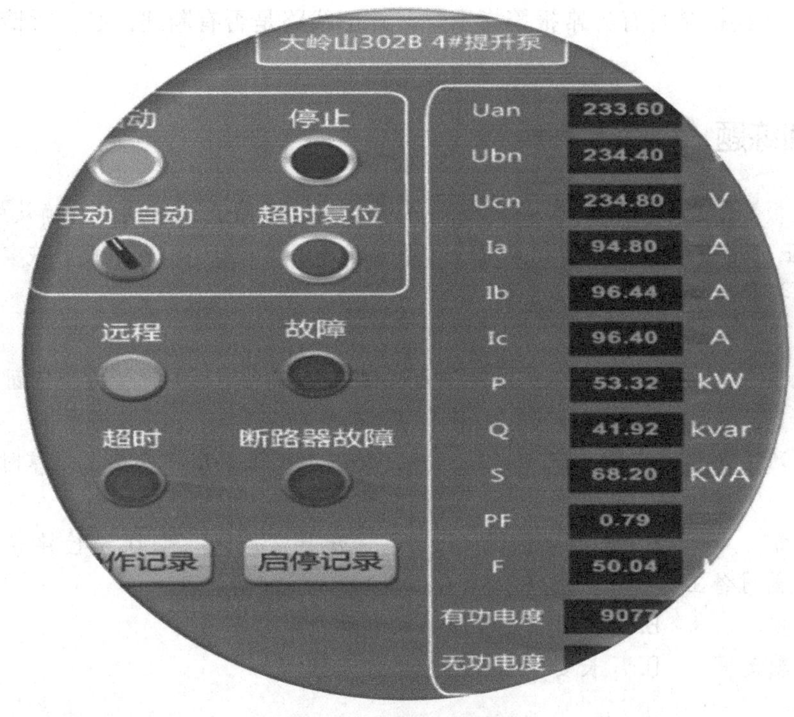

图 2.21 设备报警界面

COD (mg/L)	NH_3-N (mg/L)	pH值
26.72	21.57	7.35

图 2.22 一级报警界面

当参数值达到报警限值时，系统根据参数报警等级，自动触发报警。当参数实时数据达到设置的上下限报警值而未达到上下极限报警值时，数值颜色由正常色变为“黄色”，同时图标由“绿色笑脸”变为“黄色哭脸”，表示出现二级报警；当参数实时数据达到设置的上下极限报警值时，数值颜色由正常色变为“红色”，同时图标由“绿色笑脸”变为“红色哭脸”，表示出现一级报警。

处理方法：出现仪表限值类报警，说明该仪表所测量的指标已经达到限值，需要立即调整工艺及设备运行状态，或启动应急措施进行处置。

（4）通信系统类 指通信网络中断时触发的报警信号，如通信类设备仪表信号、PLC 站之间通信、专线通信等。通信故障时，往往会出现中控 SCADA 画面大量数据显示问号、视频画面卡顿无法浏览、显示数据长期无变化等现象。

处理方法：出现通信类故障，首先判断网络设备如交换机（或者光纤收发器）指示灯闪烁是否正常，交换机是否有异常报警指示灯、外部线路是否有断线，必要时请工程师协助判断。

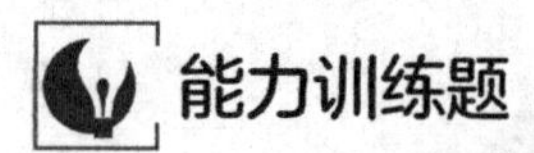

能力训练题

1.上位机报警信息区显示内容："红色"表示正存在报警，未被操作人确认的报警信息；"紫色"表示正存在报警，已被操作人确认的报警信息；"(　　)"表示报警恢复正常，且被操作人确认的报警信息。

A.红色　　B.紫色　　C.黑色　　D.绿色

2.上位机报警画面报警信息选择区，分为实时报警和（　　）报警两个按钮。

A.历史　　B.故障　　C.告警　　D.提示

3.中控值班人员通过中控系统和视频巡检，发现水厂设备出现异常、故障时，若处理不了则上报（　　）通知单，并转发给分厂设备主管处理。

A.运行异常　　B.设备异常　　C.系统异常　　D.巡检异常

4.做开机前准备工作的原因是（　　）。

A.为了通电　　B.为保证设备安全启动和运行

C.节省开机时间　　D.厂长要求

情景3 智能监测系统运营与调控

素质目标

通过本情景学习，提高学生在现有监测结果中判断工艺运行效果的能力。

3.1 智能监测系统

任务目标

① 掌握智能水厂智能监测系统。

② 学会简单的监测方法，进一步熟悉应对值班过程中发生的异常事件。

任务综述

通过本任务学习，了解监测系统的画面组成、设备运行状态，掌握常规操作，能读取上位机仪表数据，判别仪表状态。

学习内容

智能水厂智能监测系统见图3.1，能够安全可靠地实现对各种水处理设备以及各个生产环节全过程的自动监测，达到“现场无人值守、控制中心少人值班”的自动化程度，使得整个水厂系统实现智能化监测。水厂可提高生产的可靠性和安全性，实现优质、低耗和高效供水，获得良好的经济效益和社会效益。

智能水厂监控主要由中控室和各个控制站组成。各个控制站采用监控终端对设备进行控制和数据采集，对制水各个环节的相关设备进行监测控制，整合水厂生产数据，实现水厂生产、工艺、设备等的实时监控与分析，引入智能用量预测，全方位保障水厂生产运行，提高水厂生产效率，降低能耗，辅助调度指挥决策。该模块的主要功能有以下几个方面。

（1）远程监控　工作人员可在中控室实时监测各工艺环节的关键数据及详细信息，水厂处理工艺各环节状况一目了然。平台会实时监测并展示原水库容量、清水池水位、出水压力、管网监测点压力等数据，辅助供水调度及生产计划，保障水厂工艺运行正常。

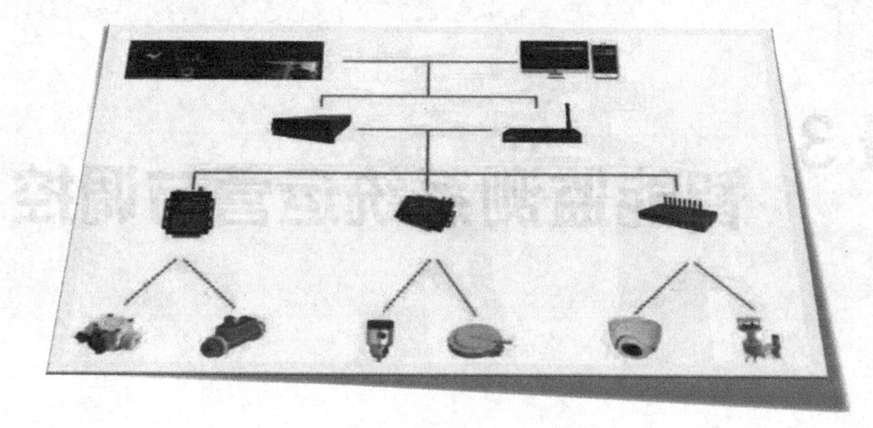

图 3.1 监测系统示意图

（2）生成报表　根据实时记录的信息生成相关的报表，支持数据存储、统计查询及报表打印等各种操作，优化生产管理。

（3）信息汇总　自动记录每日水厂生产、设备运行、水质等数据，并生成生产报表汇集生产信息，展示水厂运行关键指标、班组巡查概况、生产运行日志、问题跟踪清单以及工艺流程状况，全方位了解生产运行情况，宏观指导水厂生产工作。

（4）水质安防　实时监测供水的pH、COD、BOD、氨氮和余氯、浊度等数据，确保用药量的安全，对加药间、滤池等环境进行严格把关。

（5）设备管理　对各个设备运行的参数进行实时监控，当参数出现异常时进行提前预警，通知工作人员。工作人员可根据数据进行排查，快速找出故障设备，降低设备的故障率，减少意外事件的发生，提高生产效率。

（6）数据分析　在中控面板可看到展示水厂生产运行重要指标变化及水厂运行状况的各种报表，这些报表能够有效地辅助水厂调度，提高生产效率，降低能耗和生产成本。

（7）设备巡检　平台对于各种设备进行实时监测、实时数据处理、侵限报警及视频记录，进而高效、精准地对设备情况进行排查。一旦设备运行发生异常，会及时预警，通知工作人员解决处理，从而实现对水厂各个设备的监测，辅助巡检工作指导及完成情况评定，提高巡检业务完成质量，降低水厂安全隐患。

（8）安防预警　在中控面板可实时观测各生产现场、内部外部公共区域现场、水厂巡检情况等，有助于全面了解水厂的现场情况。还支持调度、厂站等多岗位多用户的同时访问，既能保障水厂的生产安全，也能满足日常工作的管理需求。

3.2 COD 数据采集仿真操作

3.1　COD 操作视频

任务目标

① 掌握 COD 数据采集系统。

② 学会简单的COD数据采集方法，进一步熟悉应对值班过程中发生的异常事件。

任务综述

通过本任务学习，了解COD数据采集的画面组成、设备运行状态，掌握常规操作，能读取仪表数据，判别仪表状态。

方法步骤

COD数据采集界面如图3.2所示。

图3.2　COD数据采集界面

COD监测仿真操作主要包括四个操作过程。

（1）水样加热回流氧化

S01 右击1号锥形瓶，加入10mL待测水样。

S02 右击1号锥形瓶，移动至通风柜。

S03 右击1号锥形瓶，加入硫酸汞溶液。

S04 右击1号锥形瓶，移动至实验台。

S05 右击1号锥形瓶，加入5mL重铬酸钾溶液。

S06 右击1号锥形瓶，连接冷凝管下端。

S07 右击4号锥形瓶，加入10mL蒸馏水。

S08 右击4号锥形瓶，移至通风柜。

S09 右击4号锥形瓶，加入硫酸汞溶液。

S10 右击4号锥形瓶，移动至实验台。

S11 右击4号锥形瓶，加入5mL重铬酸钾溶液。

S12 右击4号锥形瓶，连接冷凝管下端。

（2）标定硫酸亚铁铵标准溶液浓度

S01 右击硫酸银溶液，量取15mL溶液。

S02 右击 1 号锥形瓶，加入硫酸银溶液。

S03 右击硫酸银溶液，量取 15mL 溶液。

S04 右击 4 号锥形瓶，加入硫酸银溶液。

S05 右击 2 号量筒，量取 45mL 蒸馏水。

S06 右击 1 号锥形瓶，加入 45mL 蒸馏水。

S07 右击 2 号量筒，量取 45mL 蒸馏水。

S08 右击 4 号锥形瓶，加入 45mL 蒸馏水。

（3）待测水样及空白样的滴定操作

S01 右击 1 号锥形瓶，加入试亚铁灵试剂。

S02 右击 1 号锥形瓶，移至滴定管下。

S03 右击 1 号锥形瓶，进行滴定。

S04 右击 1 号锥形瓶，继续滴定。

S05 右击 1 号锥形瓶，停止滴定。

S06 右击 4 号锥形瓶，加入试亚铁灵试剂。

S07 右击 4 号锥形瓶，移至滴定管下。

S08 右击 4 号锥形瓶，进行滴定。

S09 右击 4 号锥形瓶，继续滴定。

S10 右击 4 号锥形瓶，停止滴定。

（4）数据处理

S01 计算硫酸亚铁铵溶液的标准浓度。

S02 填入水样体积：10mL。

S03 计算水样中 COD_{Cr} 的浓度。

3.3 BOD 数据采集仿真操作

3.2 BOD 操作视频

任务目标

① 掌握 BOD 数据采集系统。

② 学会简单的 BOD 数据采集方法，进一步熟悉应对值班过程中发生的异常事件。

任务综述

通过本任务学习，了解 BOD 数据采集的画面组成、设备运行状态，掌握常规操作，能读取仪表数据，判别仪表状态。

方法步骤

BOD 数据采集界面如图 3.3 所示。

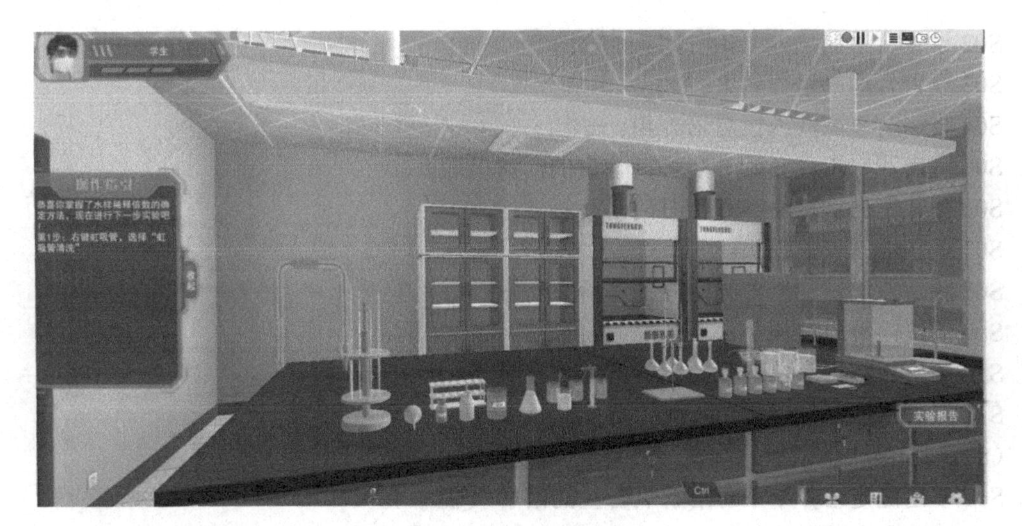

图 3.3　BOD 数据采集界面

BOD 监测仿真操作主要包括八个操作过程。

（1）稀释倍数的确定　通过计算，输入正确的稀释倍数，这里稀释 10 倍。

（2）虹吸管的清洗与润洗

S01 使用蒸馏水对虹吸管进行清洗。

S02 使用待移取溶液对虹吸管进行润洗。

（3）待测试样的制备

S01 移取 100mL 待测水样于量筒中。

S02 移取 900mL 稀释接种水于量筒中。

S03 倒入烧杯中，混匀水样。

S04 观察气泡。

S05 测量稀释水样的 pH 值。

S06 在待测试样瓶 1 中注入稀释后的水样。

S07 在待测试样瓶 2 中注入稀释后的水样。

（4）空白试样的制备

S01 在空白组瓶 1 中注入稀释接种水。

S02 在空白组瓶 2 中注入稀释接种水。

（5）清洗量筒　对量筒进行清洗。

（6）标准样品的制备

S01 移取 20mL 葡萄糖 - 谷氨酸标准溶液于量筒中。

S02 移取 980mL 稀释接种水于量筒中。

S03 倒入烧杯中，混匀标准样品。

S04 观察气泡。

S05 在标准样品瓶 1 中注入葡萄糖 - 谷氨酸溶液。

S06 在标准样品瓶 2 中注入葡萄糖 - 谷氨酸溶液。

（7）培养起始溶解氧的测定

S01 设置合适的培养温度。

S02 设置合适的培养开始时间。
S03 设置合适的培养结束时间。
S04 将溶解氧瓶放入恒温培养箱。
S05 拿出测定培养开始时溶解氧含量的溶解氧瓶。
S06 测定空白试样培养开始时的溶解氧含量。
S07 清洗溶解氧仪探头。
S08 测定待测试样培养开始时的溶解氧含量。
S09 清洗溶解氧仪探头。
S10 测定标准样品培养开始时的溶解氧含量。
S11 清洗溶解氧仪探头。
（8）培养终止溶解氧的测定
S01 拿出测定培养结束时溶解氧含量的溶解氧瓶。
S02 测定空白试样培养结束时的溶解氧含量。
S03 清洗溶解氧仪探头。
S04 测定待测试样培养结束时的溶解氧含量。
S05 清洗溶解氧仪探头。
S06 测定标准样品培养结束时的溶解氧含量。
S07 清洗溶解氧仪探头。

3.4 总氮数据采集仿真操作

3.3 总氮测定操作演示

任务目标

① 掌握总氮数据采集系统。
② 学会简单的总氮数据采集方法，进一步熟悉应对值班过程中发生的异常事件。

任务综述

通过本任务学习，了解总氮数据采集的画面组成、设备运行状态，掌握常规操作，能读取仪表数据，判别仪表状态。

方法步骤

总氮数据采集界面见图 3.4。
总氮监测仿真操作主要包括八个操作过程。
（1）配制空白样品　右击 1 号比色管，将蒸馏水加到 1 号比色管，选择 10mL。
（2）配制平行样品
S01 右击装有待测水样的烧杯，测定水样 pH 值，看是否在允许范围内。
S02 右击 2 号比色管，向 2 号比色管加入待测水样，选择 10mL。

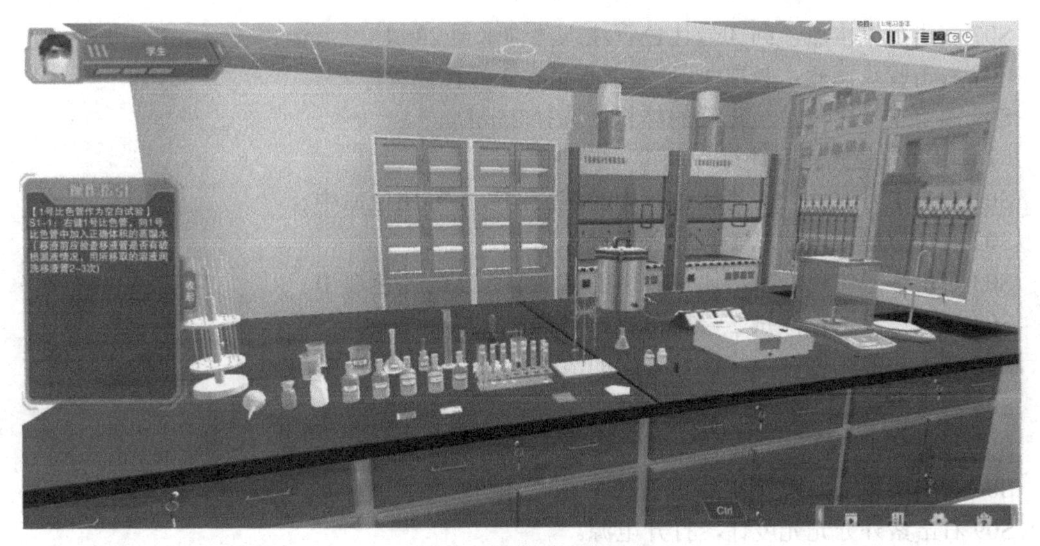

图 3.4　总氮数据采集界面

S03 右击 3 号比色管，向 3 号比色管加入待测水样，选择 10mL。

（3）加入过硫酸钾溶液进行消解

S01 右击 1 号比色管，向 1 号比色管加入碱性过硫酸钾溶液，选择 5mL。

S02 右击 2 号比色管，向 2 号比色管加入碱性过硫酸钾溶液，选择 5mL。

S03 右击 3 号比色管，向 3 号比色管加入碱性过硫酸钾溶液，选择 5mL。

（4）进行消解

S01 右击 1 ～ 3 号比色管，盖好 1 ～ 3 号比色管管塞，用纱布和线绳扎紧。

S02 右击高压蒸汽灭菌器，放入比色管，进行灭菌处理。

S03 右击高压蒸汽灭菌器，取出比色管，冷却至室温。

S04 右击 1 ～ 3 号比色管，拆线绳、纱布，按住管塞将比色管中的液体颠倒混匀 2 ～ 3 次。

（5）进行中和处理

S01 右击 1 号比色管，向 1 号比色管加入盐酸溶液。

S02 向 1 号比色管加入正确体积的抗坏血酸溶液，选择 1mL。

S03 右击 2 号比色管，向 2 号比色管加入盐酸溶液。

S04 向 2 号比色管加入正确体积的抗坏血酸溶液，选择 1mL。

S05 右击 3 号比色管，向 3 号比色管加入盐酸溶液。

S06 向 3 号比色管加入正确体积的抗坏血酸溶液，选择 1mL。

（6）注入蒸馏水进行稀释

S01 右击蒸馏水瓶，向 1 号比色管注入蒸馏水至 24mL。

S02 右击胶头滴瓶，吸取 1mL 蒸馏水定容 1 号比色管。

S03 滴定 1 号比色管至正确的体积，选择 25mL。

S04 右击蒸馏水瓶，向 2 号比色管注入蒸馏水至 24mL。

S05 右击胶头滴瓶，吸取 1mL 蒸馏水定容 2 号比色管。

S06 滴定 2 号比色管至正确的体积，选择 25mL。

S07 右击蒸馏水瓶，向 3 号比色管注入蒸馏水至 24mL。
S08 右击胶头滴瓶，吸取 1mL 蒸馏水定容 3 号比色管。
S09 滴定 3 号比色管至正确的体积，选择 25mL。
（7）用紫外分光光度计进行测量
S01 右击 1 号比色管，将比色管中的溶液倒入 1 号比色皿中。
S02 右击擦镜纸，擦拭 1 号比色皿。
S03 右击 2 号比色管，将比色管中的溶液倒入 2 号比色皿中。
S04 右击擦镜纸，擦拭 2 号比色皿。
S05 右击 3 号比色管，将比色管中的溶液倒入 3 号比色皿中。
S06 右击擦镜纸，擦拭 3 号比色皿。
S07 右击蒸馏水瓶，向 4 号比色皿中注入蒸馏水。
S08 右击擦镜纸，擦拭 4 号比色皿。
S09 右击紫外分光光度计，打开电源。
S10 右击 4 号比色皿，将 4 号比色皿放入光度计第一个槽中。
S11 右击紫外分光光度计上面的“100%”键。
S12 右击紫外分光光度计，将 4 号比色皿取出放回试验台。
S13 右击不透光黑体，将不透光黑体放入光度计第一个槽中。
S14 右击紫外分光光度计上面的“AT/CT”按键，调节为透射比模式。
S15 右击紫外分光光度计上面的“0%”键。
S16 右击紫外分光光度计，将不透光黑体取出放回试验台。
S17 右击 1 ～ 3 号比色皿，将 1 ～ 3 号比色皿放入光度计中。
S18 右击紫外分光光度计上面的波长旋钮，调节波长为 220nm。
S19 右击紫外分光光度计上面拉杆，向前拉动 25%。
S20 右击紫外分光光度计上面拉杆，向前拉动 50%。
S21 右击紫外分光光度计上面拉杆，使拉杆复原。
S22 右击紫外分光光度计上面的波长旋钮，调节波长为 275nm。
S23 右击紫外分光光度计上面拉杆，向前拉动 25%。
S24 右击紫外分光光度计上面拉杆，向前拉动 50%。
S25 右击紫外分光光度计上面拉杆，使拉杆复原。
S26 右击紫外分光光度计，将 1 ～ 3 号比色皿取出放回试验台。
S27 右击 1 ～ 3 号比色皿，倾倒比色皿中的废液。
（8）计算
S01 计算 1 号比色管中水样的校准吸光度 A_r（保留两位有效数字）：0.22。
S02 计算 2 号比色管中水样的校准吸光度 A_r（保留两位有效数字）：0.23。
S03 计算 1 号比色管中测得量（保留三位有效数字）：7.49μg。
S04 计算 2 号比色管中测得量（保留三位有效数字）：7.82μg。
S05 计算 1 号比色管中样品浓度（保留三位有效数字）：0.749mg/L。
S06 计算 2 号比色管中样品浓度（保留三位有效数字）：0.782mg/L。

3.5 总磷数据采集仿真操作

3.4 总磷测定操作演示

任务目标

① 掌握总磷数据采集系统。

② 学会简单的总磷数据采集方法，进一步熟悉应对值班过程中发生的异常事件。

任务综述

通过本任务学习，了解总磷数据采集的画面组成、设备运行状态，掌握常规操作，能读取仪表数据，判别仪表状态。

方法步骤

总磷数据采集界面见图 3.5。

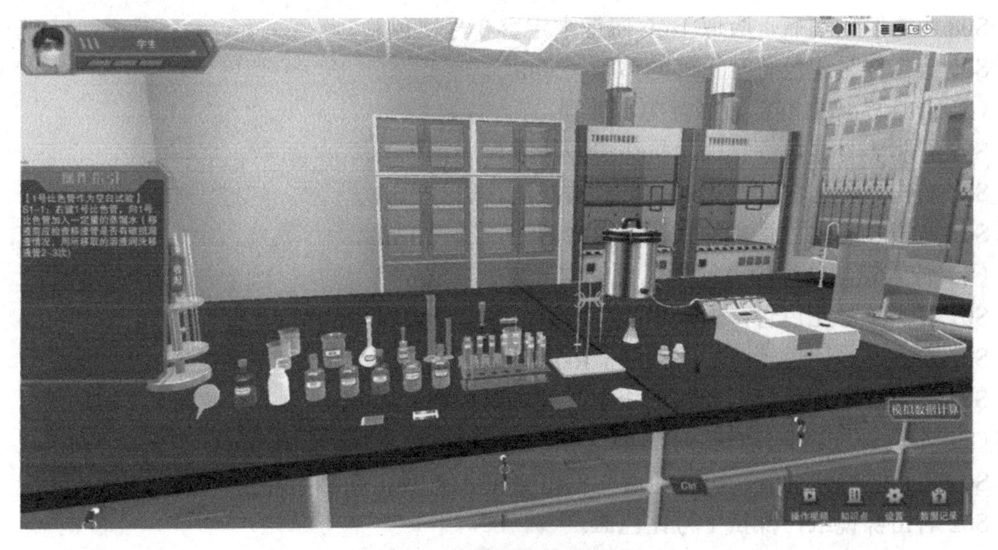

图 3.5 总磷数据采集界面

总磷监测仿真操作主要包括九个操作过程。

（1）配制空白样品

右击 1 号比色管，将蒸馏水加入 1 号比色管，选择 25mL。

（2）配制平行样品

S01 右击氢氧化钠溶液，用移液管移取少量氢氧化钠溶液，加入装有待测水样的烧杯中。

S02 右击装有待测水样的烧杯，测定水样 pH 值，看是否在允许范围内。

S03 右击 2 号比色管，向 2 号比色管加入待测水样。

S04 右击 3 号比色管，向 3 号比色管加入待测水样。

（3）加入碱性过硫酸钾溶液进行消解

S01 右击 1 号比色管，向 1 号比色管加入碱性过硫酸钾溶液，选择 4mL。
S02 右击 2 号比色管，向 2 号比色管加入碱性过硫酸钾溶液，选择 4mL。
S03 右击 3 号比色管，向 3 号比色管加入碱性过硫酸钾溶液，选择 4mL。
（4）高压灭菌器消解
S01 右击 1 ～ 3 号比色管，盖好 1 ～ 3 号比色管塞，用纱布和线绳扎紧。
S02 右击高压蒸汽灭菌器，放入比色管，进行灭菌处理。
S03 右击高压蒸汽灭菌器，取出比色管，冷却至室温。
S04 右击 1 ～ 3 号比色管，拆线绳、纱布。
（5）注入蒸馏水进行稀释
S01 右击蒸馏水瓶，向 1 号比色管注入蒸馏水至 49mL。
S02 右击胶头滴瓶，吸取 1mL 蒸馏水定容 1 号比色管。
S03 滴定 1 号比色管至正确的体积（50mL）。
S04 右击蒸馏水瓶，向 2 号比色管注入蒸馏水至 49mL。
S05 右击胶头滴瓶，吸取 1mL 蒸馏水定容 2 号比色管。
S06 滴定 2 号比色管至正确的体积（50mL）。
S07 右击蒸馏水瓶，向 3 号比色管注入蒸馏水至 49mL。
S08 右击胶头滴瓶，吸取 1mL 蒸馏水定容 3 号比色管。
S09 滴定 3 号比色管至正确的体积（50mL）。
（6）加入抗坏血酸溶液进行中和处理
S01 右击 1 号比色管，加入抗坏血酸溶液，选择 1mL。
S02 右击 2 号比色管，加入抗坏血酸溶液，选择 1mL。
S03 右击 3 号比色管，加入抗坏血酸溶液，选择 1mL。
（7）加入钼酸盐溶液进行显色反应
S01 右击 1 号比色管，加入钼酸盐溶液，选择 2mL。
S02 右击 2 号比色管，加入钼酸盐溶液，选择 2mL。
S03 右击 3 号比色管，加入钼酸盐溶液，选择 2mL。
（8）用紫外分光光度计进行测量
S01 右击 1 号比色管，将比色管中的溶液倒入 1 号比色皿中。
S02 右击擦镜纸，擦拭 1 号比色皿。
S03 右击 2 号比色管，将比色管中的溶液倒入 2 号比色皿中。
S04 右击擦镜纸，擦拭 2 号比色皿。
S05 右击 3 号比色管，将比色管中的溶液倒入 3 号比色皿中。
S06 右击擦镜纸，擦拭 3 号比色皿。
S07 右击蒸馏水瓶，向 4 号比色皿中注入蒸馏水。
S08 右击擦镜纸，擦拭 4 号比色皿。
S09 右击紫外分光光度计，打开电源。
S10 右击 4 号比色皿，将 4 号比色皿放入光度计第一个槽中。
S11 右击紫外分光光度计上面的“100%”键。
S12 右击紫外分光光度计，将 4 号比色皿取出放回试验台。
S13 右击不透光黑体，将不透光黑体放入光度计第一个槽中。

S14 右击紫外分光光度计上面的“AT/CT”按键，调节为透射比模式。

S15 右击紫外分光光度计上面的“0%”键。

S16 右击紫外分光光度计，将不透光黑体取出放回试验台。

S17 右击 1 ～ 3 号比色皿，将 1 ～ 3 号比色皿放入光度计中。

S18 右击紫外分光光度计上面的波长旋钮，调节波长为 700nm。

S19 右击紫外分光光度计上面拉杆，向前拉动 25%。

S20 右击紫外分光光度计上面拉杆，向前拉动 50%。

S21 右击紫外分光光度计上面拉杆，使拉杆复原。

S22 右击紫外分光光度计，将 1 ～ 3 号比色皿取出放回试验台。

S23 右击 1 ～ 3 号比色皿，倾倒比色皿中的废液。

（9）计算

S01 计算 2 号比色管中总磷含量（保留三位有效数字）：7.23μg。

S02 计算 3 号比色管中总磷含量（保留三位有效数字）：7.11μg。

S03 计算 2 号比色管中样品浓度（保留三位有效数字）：0.289mg/L。

S04 计算 3 号比色管中样品浓度（保留三位有效数字）：0.284mg/L。

能力训练题

1. 混合液挥发性悬浮固体浓度指的是（　　）。

A. SS　　B. MLSS　　C. MLVSS　　D. VSS

2. 如进水 COD 浓度较低、风量较大、空气搅拌强度较高时，搅拌器的开启台数应（　　）。

A. 减小　　B. 增大　　C. 维持不变　　D. 全部关闭

3. 生化池 SVI 值应控制在（　　）为宜。

A. 5 ～ 35　　B. 25 ～ 100　　C. 50 ～ 170　　D. 70 ～ 150

4. 混凝剂和絮凝剂的投加比例一般控制在（　　）。

A. 60∶1　　B. 50∶1　　C. 100∶1　　D. 70∶1

5. 一般情况下，对低氨氮浓度的废水，回流比在（　　）最为经济。

A. 0 ～ 100％　　B. 100％ ～ 200％　　C. 200％ ～ 300％　　D. 300％ ～ 400％

情景 4 智能工艺流程运营与调控

素质目标

通过本情景学习，提高学生在现有的工艺流程中解决困难、高效运作的能力。

4.1 提升泵系统运营

任务目标

① 能操作提升泵系统。
② 能识记系统画面构成、画面类型和用途，以及画面图标和信号的含义。
③ 能识别画面中的设备、设施、仪表、工艺流程，并与现场实物对应。
④ 能识别画面异常报警类别，掌握异常情况简单排查报告程序。

任务综述

通过本任务学习，了解提升泵系统的画面组成、设备运行状态，掌握上位机的常规操作，能读取上位机仪表数据，判别仪表状态。

方法步骤

提升泵系统界面如图 4.1 所示。运营维护步骤如下。
S01 点击进入提升泵系统，调节进水流量至设计流量（18×10^4t/d）。
S02 目标水量差值大于 -500m^3（基本条件），目标水量差值为 0（优秀条件）。
S03 频调液位差为 0 ～ 0.8m。
S04 保持液位在 4.5 ～ 8m 之间。
S05 提升泵系统的扬程在 8 ～ 14m 之间（基本条件），提升泵系统的扬程大于 9m(优秀条件)。
S06 保证水泵的功率为 200 ～ 350kW。

S07 提升系统能效评价得分大于 60 分（基本条件），提升系统能效评价得分大于 90 分（优秀条件）。

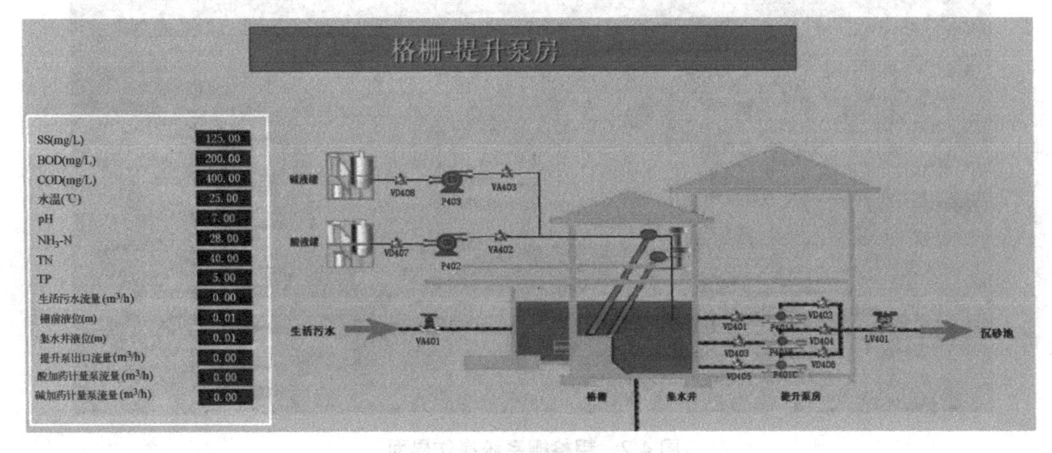

图 4.1　提升泵系统界面

S08 水泵效率大于 70%。

S09 吨水电耗小于等于 0.03kW/t。

S10 吨水提升 1m 能耗实数值小于 0.003kW · h/m。

4.2　预处理系统运营

任务目标

4.1　预处理

① 能操作预处理系统。

② 能识记系统画面构成、画面类型和用途，以及画面图标和信号的含义。

③ 能识别画面中的设备、设施、仪表、工艺流程，并与现场实物对应。

④ 能识别画面异常报警类别，掌握异常情况简单排查报告程序。

任务综述

通过本任务学习，了解预处理系统的画面组成、设备运行状态，掌握上位机的常规操作，能读取上位机仪表数据，判别仪表状态。

方法步骤

① 进入预处理系统。

② 认真阅读预处理工艺介绍。

③ 进入粗格栅系统，见图 4.2。

S01 调节粗格栅液位为 50% 以上。

S02 打开粗格栅 1# 闸板阀。

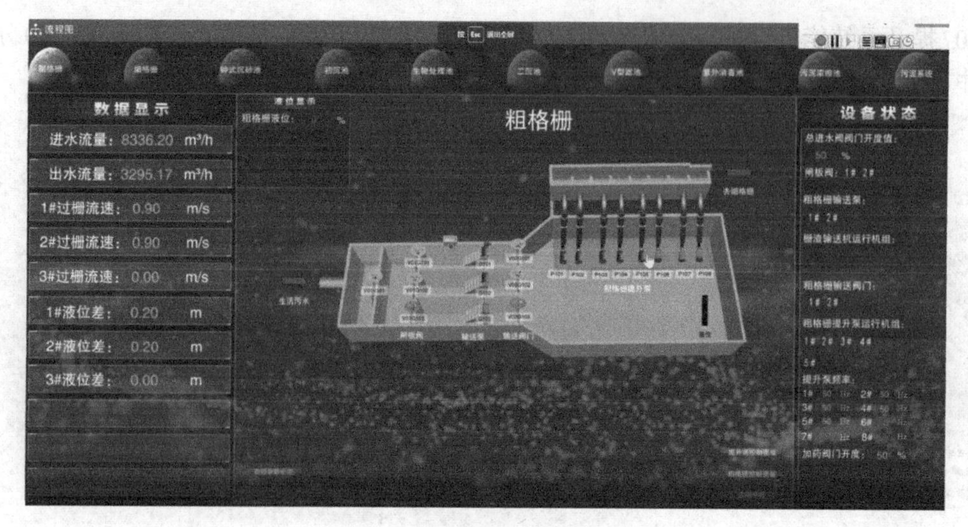

图 4.2 粗格栅系统操作界面

S03 打开粗格栅 2# 闸板阀。
S04 打开粗格栅 1# 输送泵。
S05 打开粗格栅 2# 输送泵。
S06 打开粗格栅 1# 输送阀门。
S07 打开粗格栅 2# 输送阀门。
④ 调节输送泵开度。
S01 打开粗格栅 1# 栅渣输送机。
S02 打开粗格栅 2# 栅渣输送机。
⑤ 进入细格栅，系统界面见图 4.3。

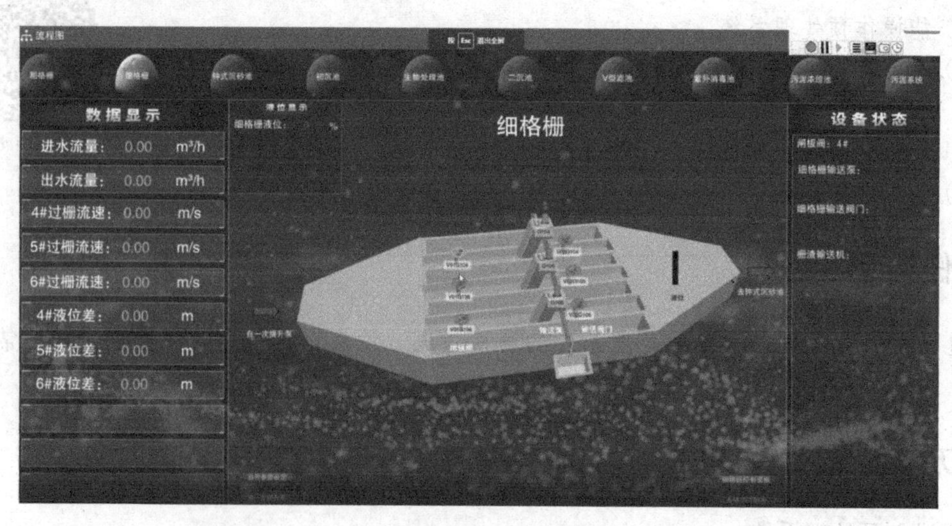

图 4.3 细格栅系统界面

S01 打开细格栅 4# 闸板阀。
S02 打开细格栅 5# 闸板阀。
S03 打开细格栅 4# 输送泵。

S04 打开细格栅 5# 输送泵。

4.3 巡检系统运营

任务目标

① 能操作巡检系统。
② 能识记系统画面构成、画面类型和用途，以及画面图标和信号的含义。
③ 能识别画面中设备、设施、仪表、工艺流程，并与现场实物对应。
④ 能识别画面异常报警类别，掌握异常情况简单排查报告程序。

4.2 巡检员事故处理

任务综述

通过本任务学习，了解巡检系统的画面组成、设备运行状态，掌握上位机的常规操作，能读取上位机仪表数据，判别仪表状态。

方法步骤

① 进入巡检系统界面。
② 认真阅读巡检方法介绍。
③ 现场巡检工具准备。点击下拉菜单，选择各项相应选项，见图 4.4。

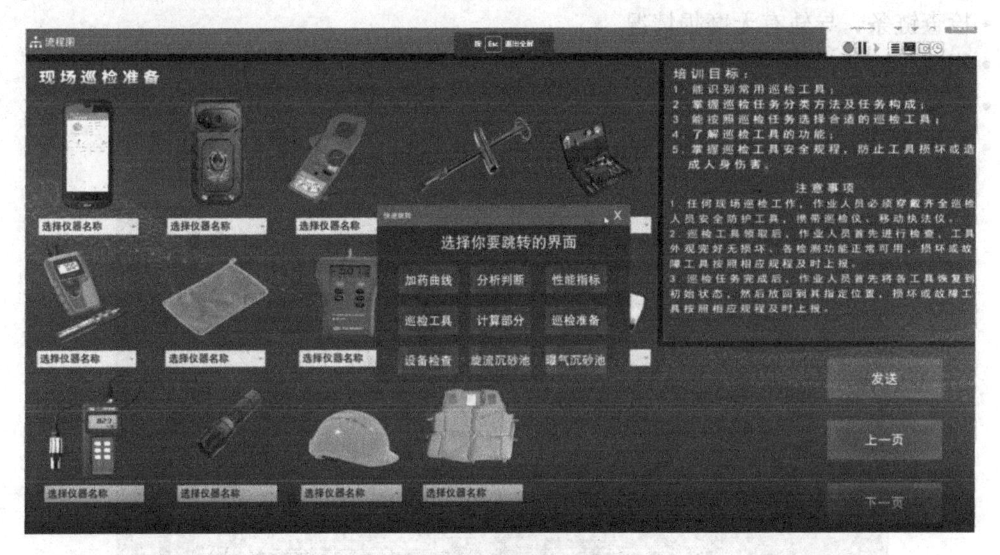

图 4.4 巡检工具图

④ 进行常用巡检工具识别。识别移动执法仪、万用表、工具箱、便携式 pH 检测仪、抹布、便携式 SS 检测仪、取样盘、振动仪、便携式 DO 检测仪、安全帽、救生衣等。

⑤ 进入巡检任务界面。巡检工具选择见图 4.5。

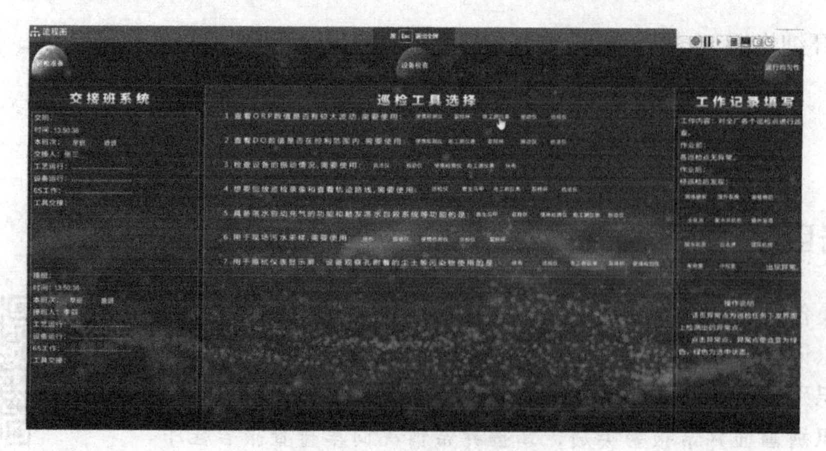

图 4.5　巡检工具选择图

设备巡检方法选择见图 4.6。完成以下任务：

- 水泵运行指示是否正常。
- 减速机润滑油有无泄漏。
- 泵坑液位计显示是否正常。
- 减速机运行是否振动、声音异常。
- 水泵运行有无报警指示。
- 检查动力电缆、浮球及设备吊链。
- 起重机导轨及固定架是否异常晃动。
- 搅拌机运行有无障碍，有无噪声。
- 检查链条、导轨有无磨损情况。
- 回流泵运行电流是否正常。
- 水泵运行有无振动、异响。
- 检查水泵流量、压力是否正常。

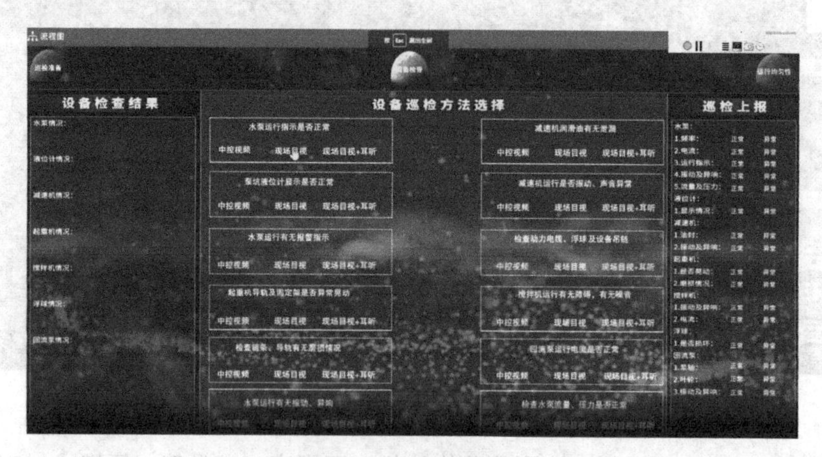

图 4.6　巡检现场指标图

⑥ 下发任务单。典型问题解答如下：

• 由帽壳、帽衬、下颏带、射灯及附件等组成。对人的头部由坠落物及其他特定因素引起的伤害起防护作用，现场巡检区域光线不足时补光使用。

答：带照明功能的安全帽。

• 由 CO_2 气罐、气囊、工具袋及附件等组成。用于放置智能终端及移动救生马甲执法仪等设备，具备落水自动充气的功能和触发落水自救系统等功能。

答：救生马甲。

• 分为硬件和软件，其中硬件应具有防尘、防水以及防探功能，带巡检仪 NFC（近场通信）功能；软件应至少安装定制开发的巡检管理应用程序、NFC 卡注册软件、语音翻译软件，可实现接收信息与过程记录。

答：巡检仪。

• 语音翻译软件，可实现接收信息与过程记录，由电池、摄像头、语音话筒及附件等组成。以无线的方式与区移动执法仪控制中心之间进行图像传输和语音对讲，并可回放录像和查看轨迹路线，支持视频数据保存与导出功能。

答：移动执法仪。

• 用于现场污水采样，其规格型号有 25L、1.5L 等。

答：水质取排器。

• 用来监测水中各种成分的仪器。常用的检测仪有 COD 测定仪、BOD 测定仪、氨氮测定仪、总磷测定仪、pH 计等。

答：便携式检测仪。

• 用于擦拭仪表显示屏、设备观察孔上附着的尘土等。

答：抹布。

• 用于控制箱内接线端子螺丝的紧固或松动，手动阀门的开度调节使用。

答：工具包。

⑦ 巡查时间为 20 分钟，每间隔 2 小时巡查一次。

⑧ 巡检结果操作。完成以下任务：

• 检查粗格栅运行是否正常。
• 检查粗格栅耙斗是否正常。
• 检查输送带是否正常。
• 目视检查格栅驱动链条保护罩是否有松动脱落现象。
• 目视检查格栅链条、链板、耙齿是否有破损、断裂现象。
• 目视检查卡簧是否有脱落丢失。
• 目视检查电机减速机油封是否有漏泄。
• 通过听觉检查格栅驱动装置是否有异响。
• 通过嗅觉检查配电柜、控制柜周围是否有焦糊气味。

4.4 生物处理设备运营设置

任务目标

4.3 生物处理

① 能掌握生物处理设备运营各项计算及操作。

② 能识记系统画面构成、画面类型和用途，以及画面图标和信号的含义。

③ 能识别画面中的设备、设施、仪表、工艺流程，并与现场实物对应。

④ 能识别画面异常报警类别，掌握异常情况简单排查报告程序。

任务综述

通过本任务学习，了解生物处理设备和出水各项指标调控。

方法步骤

(1) 进入生物处理操作界面　认真阅读方法介绍。

(2) 进入指标性能测试计算界面　生物处理指标界面见图 4.7。

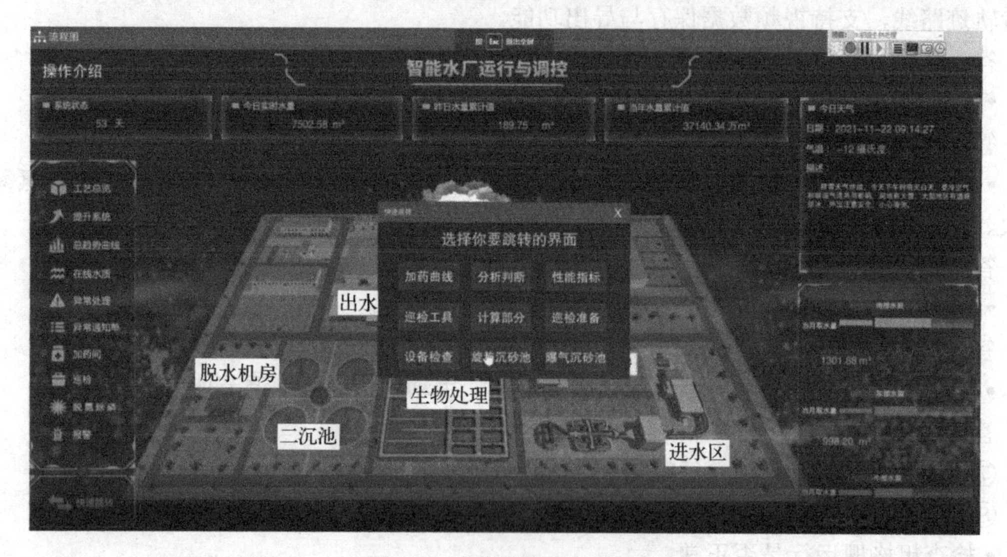

图 4.7　生物处理指标界面

① 认真阅读各项计算准则，见图 4.8。

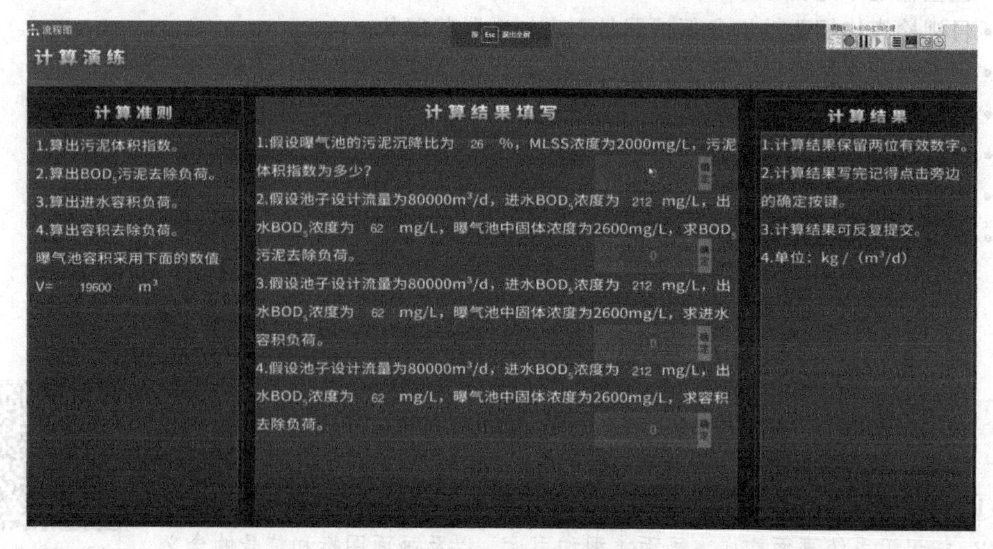

图 4.8　生物处理计算界面

② 假设曝气池的容积为 19600m^3，污泥沉降比 SV_{30} 为 38%，MLSS 浓度为 2000mg/L，计算污泥体积指数 SVI。

$$SVI=\frac{SV_{30}}{MLSS}=\frac{38\%}{2000mg/L}=190mL/g$$

③ 假设池子设计流量 Q 为 80000m^3/d，进水 BOD 浓度 S_a 为 236 mg/L，出水 BOD 浓度 S_e 为 86mg/L，曝气池中固体浓度 X_V 为 2600mg/L，曝气池容积为 19600m^3，求 BOD 污泥去除负荷 Nrs。

$$Nrs=\frac{Q(S_a-S_e)}{X_V V}=\frac{80000\times(236-86)}{2600\times19600}=0.235kg/(kg\cdot d)$$

④ 假设池子容积为 19600m^3，池子设计流量 Q 为 80000m^3/d，进水 BOD 浓度 S_a 为 236mg/L，出水 BOD 浓度 S_e 为 86 mg/L，曝气池中固体浓度为 2600mg/L，求进水容积负荷。

进水容积负荷：$F_{进}=\frac{QS_a}{1000V}=\frac{80000\times236}{1000\times19600}=0.96kg/(m^3\cdot d)$

⑤ 假设池子容积为 19600m^3，设计流量为 80000m^3/d，进水 BOD 浓度为 236 mg/L，出水 BOD 浓度为 86 mg/L，曝气池中固体浓度为 2600mg/L，求容积去除负荷。

容积去除负荷：$F_{除}=\frac{Q(S_a-S_e)}{1000V}=\frac{80000\times(236-86)}{1000\times19600}=0.612kg/(m^3\cdot d)$

系统计算结果界面如图 4.9 所示。

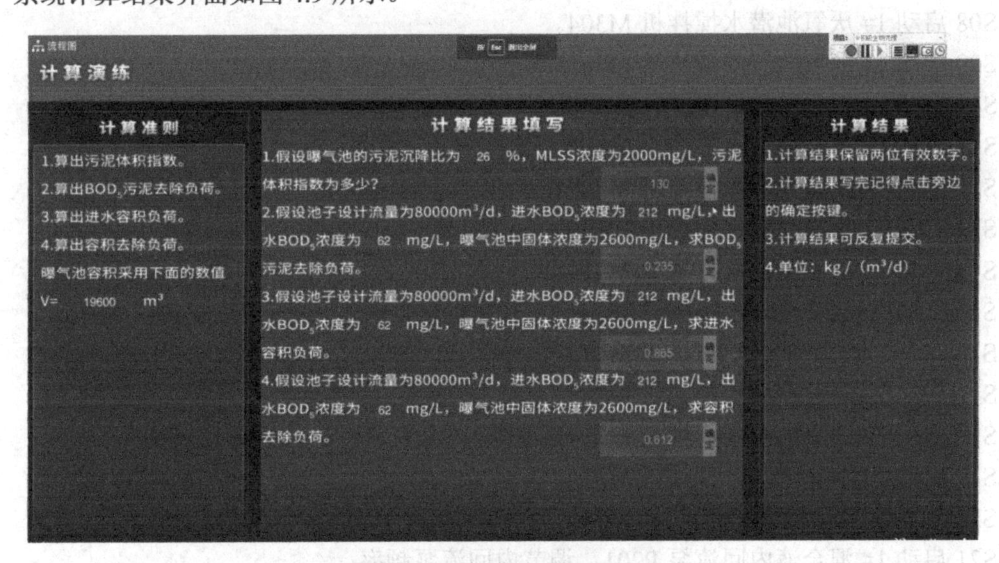

图 4.9 生物处理计算结果界面

4.5 生物处理设备指标维护

任务目标

4.4 异常通知单

① 能认识生物处理设备和各项指标。

② 能识记系统画面构成、画面类型和用途，以及画面图标和信号的含义。

③ 能识别画面中的设备、设施、仪表、工艺流程，并与现场实物对应。

④ 能识别画面异常报警类别，掌握异常情况简单排查报告程序。

任务综述

通过本任务学习，了解生物处理设备和出水各项指标调控。

方法步骤

进入生物处理池操作界面。生物处理池操作界面见图 4.10，搅拌机控制面板见图 4.11，内回流泵控制面板见图 4.12，鼓风机房控制面板见图 4.13。

S01 打开 1# 厌氧池进水调节阀 V01V105。

S02 打开 2# 厌氧池进水调节阀 V02V105。

S03 打开 1# 污泥外回流入口阀门 V03V105。

S04 打开 2# 污泥外回流入口阀门 V04V105。

S05 启动 1# 厌氧池潜水搅拌机 M301。

S06 启动 1# 厌氧池潜水搅拌机 M302。

S07 启动 1# 厌氧池潜水搅拌机 M303。

S08 启动 1# 厌氧池潜水搅拌机 M304。

S09 启动 1# 缺氧池潜水搅拌机 M305。

S10 启动 1# 缺氧池潜水搅拌机 M306。

S11 启动 1# 缺氧池潜水搅拌机 M307。

S12 启动 1# 缺氧池潜水搅拌机 M308。

S13 启动 2# 厌氧池潜水搅拌机 M309。

S14 启动 2# 厌氧池潜水搅拌机 M310。

S15 启动 2# 厌氧池潜水搅拌机 M311。

S16 启动 2# 厌氧池潜水搅拌机 M312。

S17 启动 2# 缺氧池潜水搅拌机 M313。

S18 启动 2# 缺氧池潜水搅拌机 M314。

S19 启动 2# 缺氧池潜水搅拌机 M315。

S20 启动 2# 缺氧池潜水搅拌机 M316。

S21 启动 1# 混合液内回流泵 P201，调节内回流泵频率。

S22 启动 2# 混合液内回流泵 P202，调节内回流泵频率。

S23 启动 1# 鼓风机 F101，调节鼓风机频率。

S24 启动 2# 鼓风机 F102，调节鼓风机频率。

S25 启动 2# 鼓风机 F103，调节鼓风机频率。

S26 打开 1# 好氧池曝气量调节阀 V05V105。

S27 打开 2# 好氧池曝气量调节阀 V06V106。

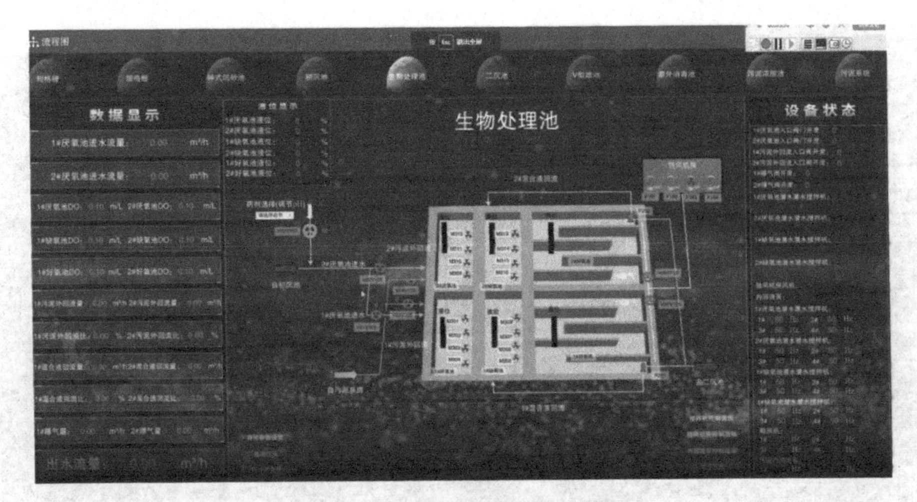

图 4.10　生物处理池操作界面

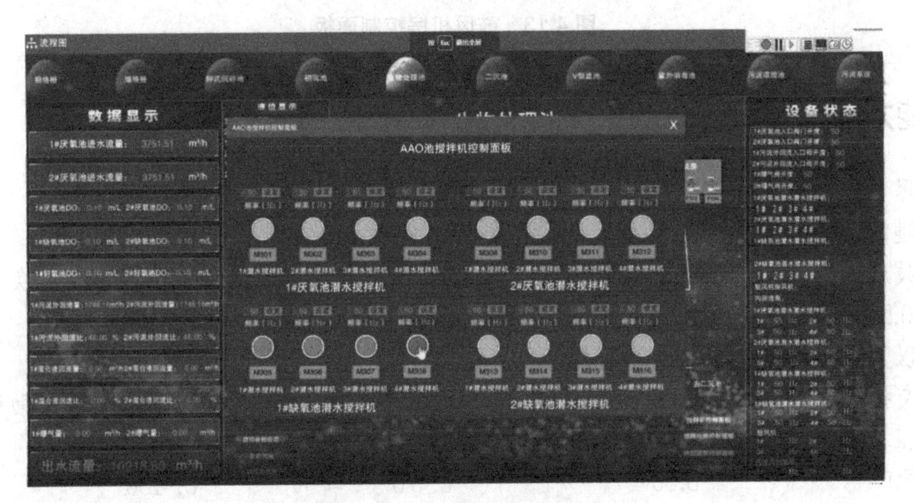

图 4.11　搅拌机控制面板

图 4.12　内回流泵控制面板

图 4.13　鼓风机房控制面板

能力训练题

1. 曝气池末端溶解氧（　　）则应加大曝气风量，反之则应减小风量。

A. 过高　　B. 过低　　C. 过剩　　D. 正好

2. 鼓风机进风过滤阻值超过（　　）kPa 时，需对鼓风机过滤棉进行清洁或更换过滤棉。

A. 0.5　　B. 1.0　　C. 1.5　　D.2.0

3. 以下不属于传统巡检内容的是（　　）。

A. 交接班　　B. 每 2h 厂区巡视　　C. 实时数据填报　　D. 应用软件辅助巡检

4. 粗格栅的前后液位差应小于（　　）cm。

A. 30　　B.60　　C. 70　　D. 100

5. 曝气沉砂池汽水比应控制在（　　）。

A. 小于 0.1　　B. 0.1 ~ 0.2　　C. 0.3 ~ 0.4　　D. 大于 0.4

情景 5 智能水厂典型工艺运营

素质目标

具备一定的自学、计算机应用、沟通合作的能力。

5.1 氧化沟污水处理工艺运营

任务目标

(1) 知识目标

① 理解氧化沟工艺的原理。

② 理解氧化沟工艺构筑物的类型、构造及工作过程等。

(2) 能力目标

能够进行氧化沟工艺的开车、停车操作。

任务综述

(1) 技能任务

① 掌握开车基本操作、维护巡视。

② 掌握停车基本操作、安全事项。

(2) 探索任务

探索氧化沟工艺存在的问题。

情境导入

某污水处理厂采用氧化沟工艺处理城市生活污水，污水进水水质见表 5.1，要求处理后出水水质达到《城镇污水处理厂污染物排放标准》(GB 18918—2002) 二级标准，水质指标标准值见表 5.2。

表 5.1　污水进水水质

水质指标	COD /（mg/L）	BOD_5 /（mg/L）	悬浮物 /（mg/L）	氨氮（以N计）/（mg/L）	总磷（以P计）/（mg/L）	pH
进水	350	140	200	30	6～9	3～5

表 5.2　水质指标最高允许排放浓度

水质指标	COD /（mg/L）	BOD_5 /（mg/L）	悬浮物 /（mg/L）	氨氮（以N计）/（mg/L）	总磷（以P计）/（mg/L）	pH
标准值	100	30	30	25（30）①	3	6～9

① 括号外数值为水温＞12℃时的控制指标，括号内数值为水温≤12℃时的控制指标。

污水处理量为3000m^3/d，氧化沟BOD去除率为85%，COD去除率为75%，氨氮去除率为85%。氧化沟运行参数设定如表5.3所示，工艺主要设备名称及作用如表5.4所示，主要显示仪表名称及主要指标数据如表5.5所示，主要泵类设备名称及作用如表5.6所示。

表 5.3　氧化沟运行参数

项目	参数值
活性污泥浓度（MLSS）	4000mg/L
污泥有机负荷（以BOD_5和MLSS计）	0.12kg/（kg・d）
污泥容积指数（SVI）	180～200
污泥龄	0～10d
二沉池剩余污泥浓度	12370mg/L
曝气转刷（共4个）	浸深为240mm，转速为80r/min，充氧能力为5.6kg/（h・m^3），功率6.4kW/个，工作电压380V±5V，工作电流16A±0.5A

表 5.4　主要设备一览表

位号	名称	说明
S101	回转式粗格栅	去除污水中大颗粒杂质
S102	回转式细格栅	去除污水中较小颗粒杂质
S103	氧化沟	去除有机物，净化水质
S104	初沉池	去除固体悬浮物
S105	二沉池	泥水分离
S106	沉砂池	去除较小的砂粒
S107	污泥浓缩池	对回流井沉积的污泥进行浓缩
S108	污泥回流井	将来自二沉池的污泥回流至氧化沟，循环利用
S109	污泥脱水机房	对污泥进行脱水处理
S110	事故池	对来水起分流的作用

表 5.5　主要显示仪表及指标一览表

位号	名称	说明
FI101	污水来源流量计	正常值3000m^3/d，事故值4000m^3/d
FI102	沉砂池出水流量计（初沉池进水流量计）	正常值3000m^3/d
FI103	初沉池出水流量计（氧化沟进水流量计）	正常值2000m^3/d，最大值4000m^3/d
FI104	氧化沟出水流量计（二沉池进水流量计）	正常值2000m^3/d
FI105	二沉池出水流量计	正常值1200m^3/d，随二沉池液面升高而增加
FI106	污泥回流井排泥流量计	间歇操作，最大值3000m^3/d

位号	名称	说明
FI107	污泥回流井回流流量计	间歇操作，最大值3000m³/d
LI101	粗格栅液位计	设计最大值10m，实际最大7m
LI102A	初沉池液位计	设计最大值4m，实际最大4m
LI102B	初沉池泥面位计	设计最大值4m，实际最大4m
LI103A	二沉池液位计	设计最大值4m，实际最大4m
LI103B	二沉池泥面位计	设计最大值4m，实际最大4m
II101	氧化沟曝气刷1的电流	高挡值16.8A，低挡值19.3A
II102	氧化沟曝气刷2的电流	高挡值16.8A，低挡值19.3A
II103	氧化沟曝气刷3的电流	高挡值16.8A，低挡值19.3A
II104	氧化沟曝气刷4的电流	高挡值16.8A，低挡值19.3A

表5.6　主要泵类设备一览表

位号	名称	说明
P101A/B	泵房提升泵（两个）	为经粗格栅过滤的污水提供压力，使之进入沉砂池
P109A/B	污泥回流井回流泵	为循环的污泥提供动力，使之回到氧化沟
P110A/B	污泥回流井排泥泵	为去污泥浓缩池的污泥提供动力
P111A/B	污泥浓缩池排泥泵	为去脱水机房的污泥提供动力
P114	凝絮剂加药系统计量泵	脱水机房加药系统的计量泵

5.1.1 氧化沟工艺简介

氧化沟工艺流程见图5.1。

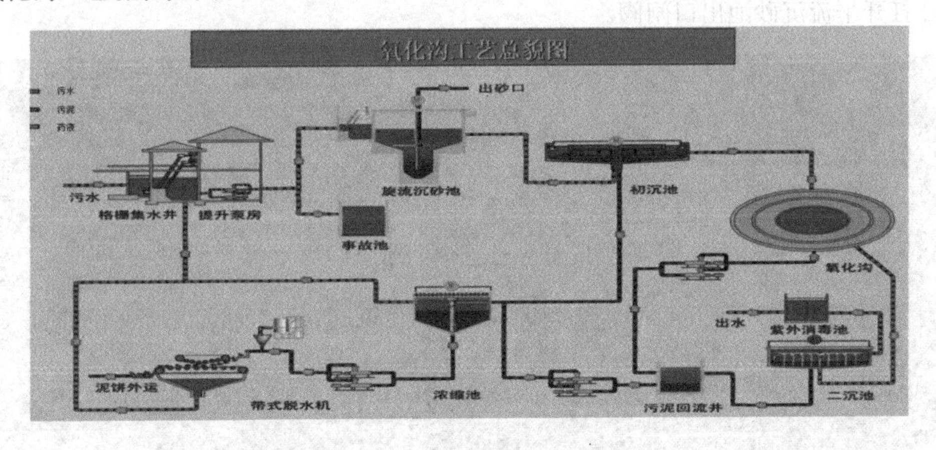

图5.1　氧化沟工艺流程图

待处理的污水首先进入粗格栅，粗格栅将污水中的大块悬浮物拦截下来，防止堵塞后续单元的机泵和工艺管道。经粗格栅处理的污水进入提升泵房，提升泵将进水提升至后续处理单元所要求的高度，使其实现重力自流，提升泵房出来的流水可进入细格栅，也可分流至事故池。流水由提升泵流经细格栅进入平流沉砂池，在平流沉砂池中，在重力的作用下，部分大颗粒的悬浮物（SS）从污水中沉淀分离出来，沉砂池出水依靠重力自流进入初沉池。

事故池能起到分流的作用，如果来水超过系统所要求的负荷，可以打开事故池进水阀门，将一部分来水分流至事故池，以减缓来水负荷造成的对处理系统的冲击。

来自沉砂池的污水进入初沉池，在初沉池中通过物理沉降，去除 40% 的 SS、25% 的 BOD_5 和 30% 的 COD_{Cr}。经初沉池处理的污水由重力自流进入氧化沟进行生物处理，可去除 80% ～ 90% 的 BOD_5、70% ～ 80% 的 COD、80% ～ 90% 的 NH_3-N。经氧化沟处理的污水由重力自流进入二沉池，在二沉池中实现泥水分离，上清液经二沉池出口闸阀排放，剩余污泥排到污泥回流井。

来自二沉池的污泥在回流井中部分经提升泵回流至氧化沟，部分经提升泵排放到污泥浓缩池进行浓缩处理。来自回流井和初沉池的污泥在污泥浓缩池中进行浓缩，剩余污水经重力自流至粗格栅入口，污泥由提升泵送至脱水机房。来自污泥浓缩池的污泥在脱水机房中进行脱水处理、稳定处理和最终处置，泥饼外运，剩余水经重力自流进入粗格栅入口。

5.1 钢绳牵引式格栅除污机

5.1.2 氧化沟工艺开车操作

5.2 微滤机

氧化沟工艺开车操作步骤如下。

（1）粗格栅和提升泵房

S01 打开粗格栅入口现场阀。

S02 启动粗格栅。

S03 启动潜水泵。

S04 打开潜水泵后止回阀。

（2）细格栅和平流沉砂池（图 5.2）

S01 打开平流沉砂池刮渣机电源，启动刮渣机。

S02 打开平流沉砂池出口闸阀。

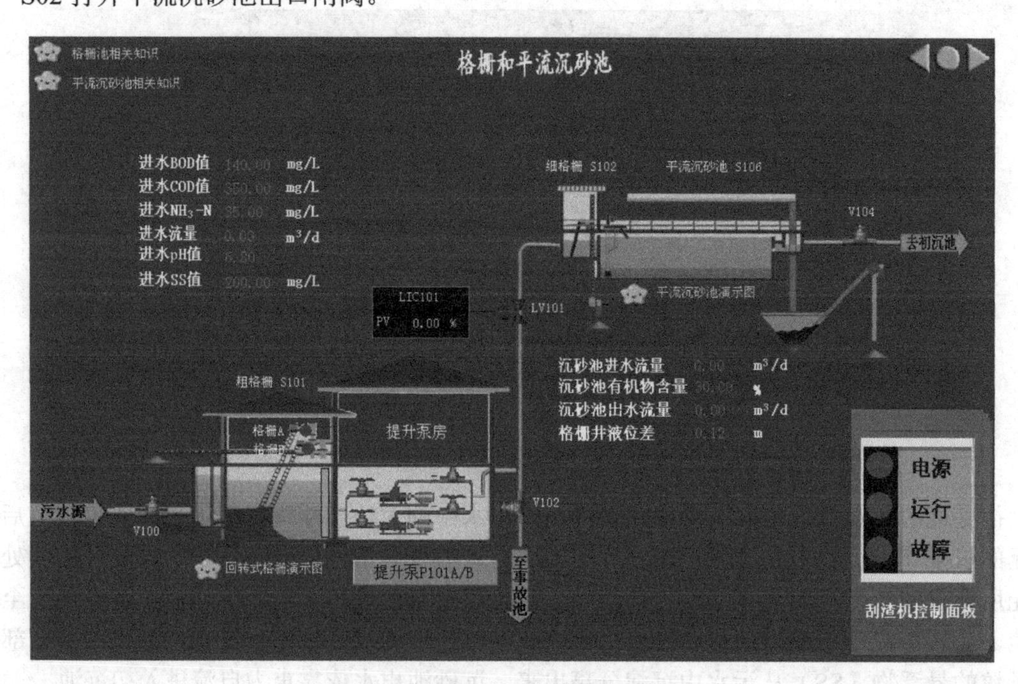

图 5.2 格栅和平流沉砂池流程图

（3）初沉池（图 5.3）

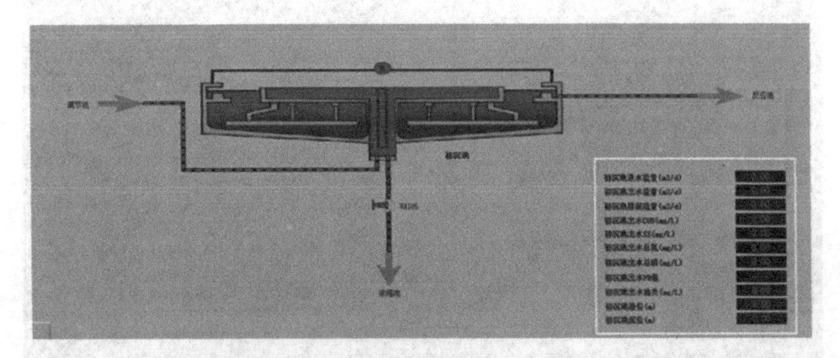

图 5.3　初沉池流程图

5.3　曝气沉砂池

S01 打开初沉池刮泥机电源，启动刮泥机。

S02 打开初沉池出口排水闸阀。

S03 当初沉池中污泥积累到一定高度时，打开初沉池出口排泥闸阀，排泥入污泥浓缩池。

（4）氧化沟（图 5.4）

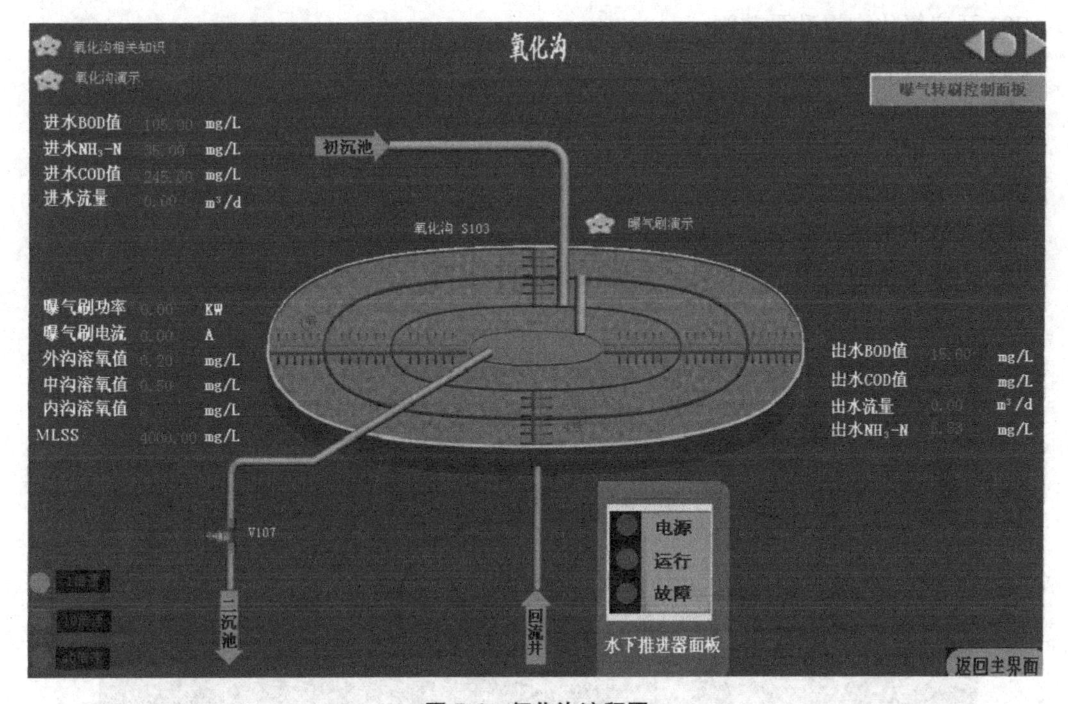

图 5.4　氧化沟流程图

S01 打开曝气刷电源，启动曝气刷。

S02 曝气方式选择自动挡或手动挡（可选择高速挡和低速挡）。

S03 启动氧化沟水下推进器。

S04 打开氧化沟出口闸阀。

（5）二沉池与污泥回流井（图 5.5）

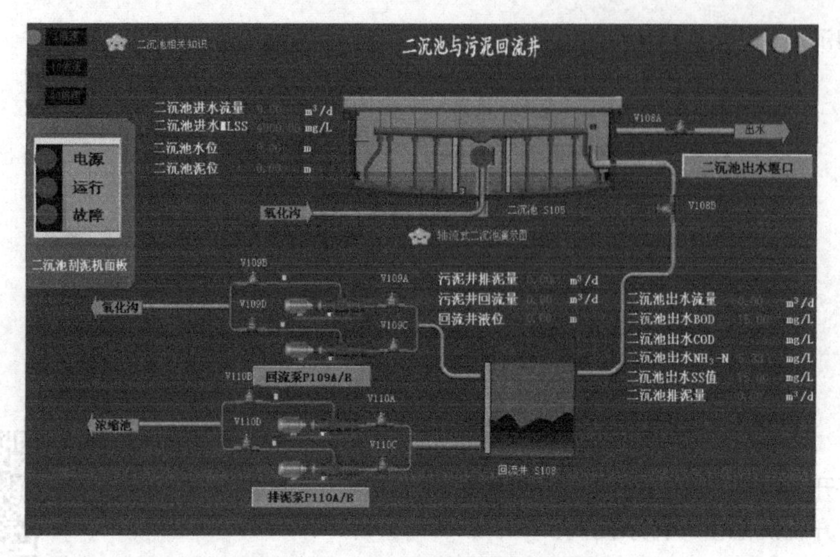

图 5.5　二沉池与污泥回流井流程图

S01 启动二沉池刮泥机。

S02 当二沉池污泥积累到一定高度时，打开二沉池出口排泥阀门。

S03 开启氧化沟提升泵前阀。

S04 启动去氧化沟提升泵。

S05 开启氧化沟提升泵后截止阀。

S06 开启浓缩池提升泵前阀。

S07 启动去浓缩池提升泵。

S08 开启浓缩池提升泵后截止阀。

S09 关小二沉池排泥阀开度，观察回流井液位。

（6）浓缩池（图 5.6）

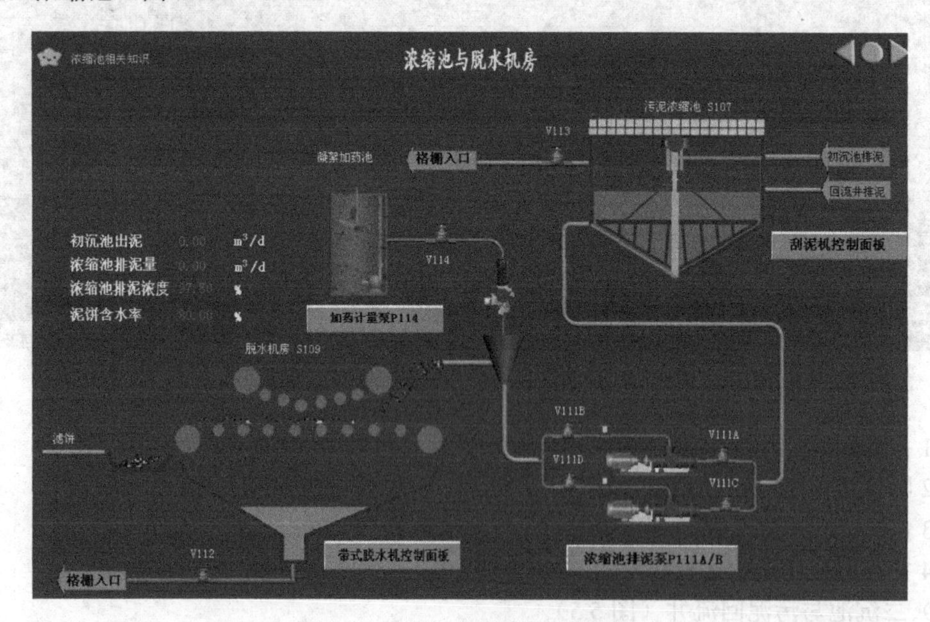

图 5.6　浓缩池与脱水机房流程图

S01 启动浓缩池刮泥机。
S02 打开浓缩池后提升泵前阀。
S03 启动浓缩池后提升泵。
S04 打开浓缩池后提升泵后截止阀，输送污泥至脱水机房。
S05 打开浓缩池后闸阀，排水入粗格栅。
（7）脱水机房（图 5.6）
S01 启动脱水机房加药计量泵。
S02 启动脱水机房离心脱水机。
S03 打开脱水机房后闸阀，排水入粗格栅。

5.1.3 氧化沟工艺停车操作

氧化沟工艺停车操作步骤如下。
S01 关闭格栅入口阀门。
S02 关闭浓缩池上清液排水阀门。
S03 关闭脱水机排水阀门。
S04 关闭格栅。
S05 将泵房出口液位控制器设置为手动状态。
S06 将泵房出口液位控制器开度开大，保证泵房中的水继续流出。
S07 关闭提升泵 A 后阀。
S08 关闭提升泵 A 电源或者运行开关。
S09 关闭提升泵 A 前阀。
S10 沉砂池出水流量＜ $1000m^3/d$ 时，关闭沉砂池出口阀。
S11 沉砂池出水流量＜ $1000m^3/d$ 时，关闭平流沉砂池刮泥机电源或者其运行开关。
S12 观察调节池液位，低于 2m 时，关闭出口阀。
S13 观察初沉池液位，低于 2m 时，关闭出口阀。
S14 关闭初沉池刮泥机电源或者运行开关。
S15 浓缩池液位低于 1.1m 后，关闭浓缩池排泥泵后阀。
S16 浓缩池液位低于 1.1m 后，关闭 SBR 池排泥泵的电源或者运行开关。
S17 浓缩池液位低于 1.1m 后，关闭浓缩池排泥泵前阀。

5.2 气浮污水处理工艺运营

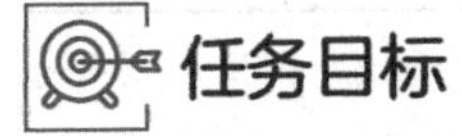
任务目标

5.4 叶轮气浮设备构造

（1）知识目标
① 理解气浮工艺的原理。
② 理解气浮工艺构筑物的类型、构造及工作过程等。
（2）能力目标
能够进行气浮工艺的开车、停车操作。

任务综述

(1) 技能任务

① 掌握开车基本操作、维护巡视。

② 掌握停车基本操作、安全事项。

(2) 探索任务

探索气浮工艺存在的问题。

情境导入

某污水处理厂采用气浮工艺处理城市生活污水，污水处理量为6000m^3/d，污水进水水质见表5.7，要求处理后出水水质达到《城镇污水处理厂污染物排放标准》(GB 18918—2002)二级标准，水质指标标准值见表5.8。

表 5.7 污水进水水质

水质指标	COD /(mg/L)	BOD$_5$/(mg/L)	SS/(mg/L)	氨氮(以N计) /(mg/L)	动植物油 /(mg/L)	pH
进水	300～500	100～150	500～1200	25	9	6.2～6.7

表 5.8 水质指标最高允许排放浓度

水质指标	COD /(mg/L)	BOD$_5$ /(mg/L)	SS/(mg/L)	氨氮(以N计) /(mg/L)	动植物油 /(mg/L)	pH
标准值	100	30	30	25(30)①	5	6～9

① 括号外数值为水温＞12℃时的控制指标，括号内数值为水温≤12℃时的控制指标。

气浮工艺的COD去除率为70%，BOD$_5$去除率为60%，SS去除率为85%。气浮池运行参数设定如表5.9所示，工艺主要设备名称及作用如表5.10所示，主要显示仪表名称及主要指标数据如表5.11所示，主要泵类设备名称及作用如表5.12所示。

表 5.9 气浮池运行参数

项目	参数值
溶气水压力(P)	0.4MPa
气固比(α)	2%
需溶气水量(Q_R)	22.7m^3/h
循环泵压力	0.16～0.2MPa
回流比	25%～30%

表 5.10 主要设备一览表

位号	名称	说明
S301	回转式粗格栅	去除污水中大颗粒杂质
S302	回转式细格栅	去除污水中较小颗粒杂质
S214	气浮池	去除有机物，净化水质
S212	初沉池	去除固体悬浮物

续表

位号	名称	说明
S210	沉砂池	去除较小的砂粒
S217	污泥浓缩池	对回流井沉积的污泥进行浓缩
S218	污泥脱水机房	对污泥进行脱水处理

表 5.11　主要显示仪表及指标一览表

位号	名称	说明
FI301	污水来源流量计	正常值 5000m^3/d
FI302A	沉砂池入口流量计	正常值 5000m^3/d
FI302B	事故池入口流量计	正常值 5000m^3/d
FI303	沉砂池出口流量计（调节池进水流量计）	正常值 5000m^3/d
FI304	调节池出水流量计	正常值 5000m^3/d
FI305	初沉池出水流量计（氧化沟进水流量计）	正常值 5000m^3/d
FI310	浓缩池进泥流量	间歇操作，最大 10000m^3/d
FI314	集水井入口流量计	间歇操作，最大 10000m^3/d
FI315	集水井出口流量计	间歇操作，最大 10000m^3/d
FI320	出水井出口流量计	间歇操作，最大 10000m^3/d
LI301A	粗格栅液位计	单位为 m，设计最大为 10m，实际最大 7m
LI301C	粗格栅液位差	单位为 m
LI304A	调节池液位计	单位为 m，设计最大为 4m，实际最大 4m
LI305A	初沉池液位计	单位为 m，设计最大为 4m，实际最大 4m
LI305B	初沉池泥位计	单位为 m，设计最大为 4m，实际最大 4m
LI310	浓缩池液位计	单位为 m，设计最大为 4m，实际最大 4m
LI315	集水井水位计	单位为 m，设计最大为 4m，实际最大 4m
LI316	消毒池水位计	单位为 m，设计最大为 4m，实际最大 4m
LI320	出水井水位计	单位为 m，设计最大为 4m，实际最大 4m

表 5.12　主要泵类设备一览表

位号	名称	说明
P201、P202	泵房提升泵（两个）	为经粗格栅过滤的污水提供压力，使之进入沉砂池
P207、P208	污泥浓缩池污泥泵	为去脱水机房的污泥提供动力

5.2.1　气浮工艺简介

在废水处理中，气浮法广泛应用于：处理含有较小悬浮物、藻类及絮体等密度接近或低于水的很难利用沉淀法实现固液分离的各种废水；回收工业废水中的有用物质，如造纸厂废水中的纸浆纤维及填料等；代替二次沉淀，分离和浓缩剩余活性污泥，特别适用于那些易于产生污泥膨胀的生化处理工艺中；分离回收含油废水中的悬浮油和乳化油。

加压溶气气浮法是目前应用最广泛的一种气浮方法。空气在加压条件下溶于水中，再使压力降至常压，把溶解的过饱和空气以微气泡的形式释放出来。回流加压溶气法适用于含高浓度悬浮物废水的固液分离。待处理的全部废水送入气浮池中，经气浮池纯化处理后的清水经加压泵部分回流进入溶气罐，同时空气供给装置将空气输入溶气罐。在溶气罐中，空气和水充分接触，在加压的作用下空气充分溶于水中，形成溶气水，溶气水再经减压释放装置进入气浮池。在气浮池中，减压释放出的微气泡进行分离操作。

气浮法与其他方法相比，其优点是：气浮时间短，一般只需15min左右；对去除废水中的纤维物质特别有效，有利于提高资源利用率；工艺流程和设备简单，运行方便。

气浮法的关键在于：①加压溶气产生大量符合要求的微气泡，气泡直径为50～100μm；②投加絮凝剂，改变悬浮物的亲水性，使细小的悬浮物结成大颗粒，并黏附大量的气泡。

气浮工艺流程图见图5.7。

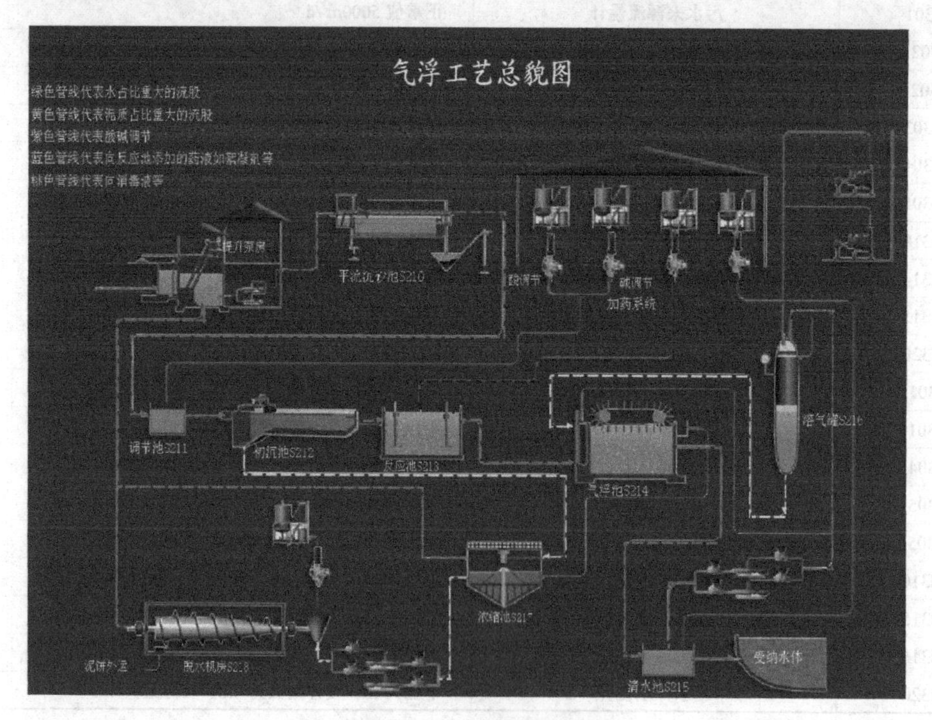

图5.7　气浮工艺流程图

待处理的污水首先进入粗格栅，粗格栅将污水中的大块悬浮物拦截下来，防止堵塞后续单元的机泵和工艺管道。经粗格栅处理的污水进入提升泵房，提升泵将进水提升至后续处理单元所要求的高度，使其实现重力自流，提升泵房出来的流水进入细格栅。

流水由提升泵流经细格栅进入平流沉砂池，在平流沉砂池中，在重力的作用下，部分大颗粒SS从污水中沉淀分离出来，沉砂池出水由重力自流进入调节池。

调节池是用于调节水量和水质。调节池出水进入平流式初沉池，在初沉池中通过物理沉降，去除40%的SS、25%的BOD_5和30%的COD_{Cr}。初沉池出水进入反应池进一步处理。

反应池的目的是将乳化稳定体系脱稳、破乳。破乳可采用投加混凝剂的方法，使废水中增加相反电荷的胶体，压缩双电层，降低ξ电位，使其电性中和，促使废水中的污染物质破乳凝聚，以利于与气泡黏附而上浮。常见的药剂有聚合氧化铝、聚合硫酸铁、三氯化铁、硫酸亚铁和硫酸铝等。

反应池出来的废水直接进入气浮池。来自溶气罐的溶气水经释放装置产生大量的微气泡，微气泡与废水中密度接近于水的固体或液体污染物微粒黏附，形成整体密度小于水的

“气泡 - 颗粒”复合体，悬浮微粒随气泡一起浮升到水面，形成泡沫或浮渣，然后用刮渣设备自水面刮除，从而实现固液或液液分离。

来自气浮池的污泥在污泥浓缩池中进行浓缩，剩余污水经重力自流至粗格栅，污泥由提升泵送至脱水机房。污泥在脱水机房中进行脱水处理、稳定处理和最终处置，泥饼外运，剩余污水经重力自流至粗格栅入口。

5.2.2 气浮工艺开车操作

气浮工艺开车操作步骤如下。

（1）格栅和沉砂池（见图 5.8）

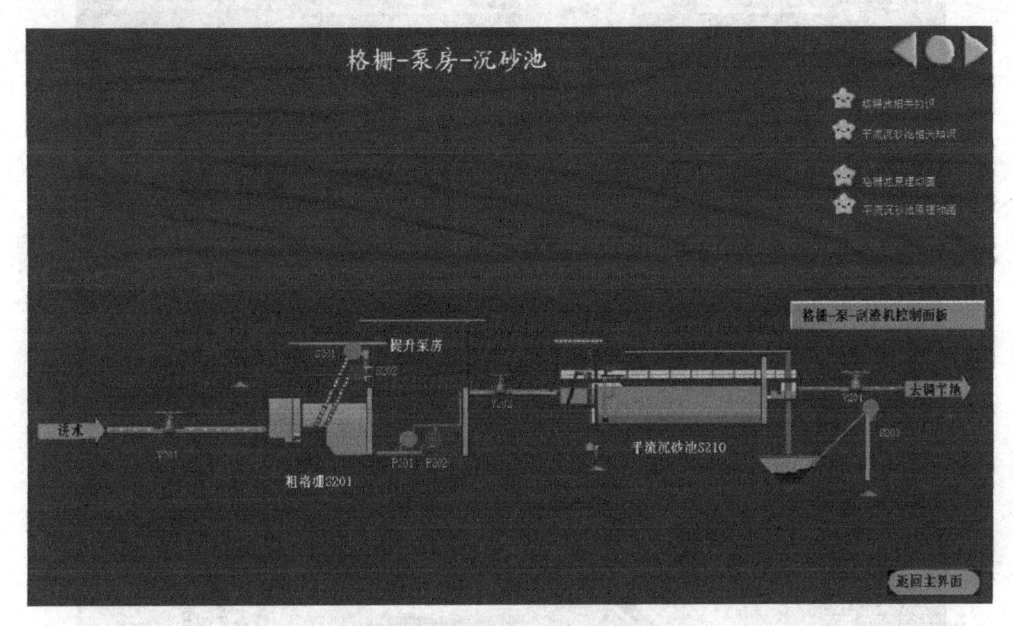

图 5.8 粗格栅和沉砂池流程图

S01 打开粗格栅入口现场阀 V201，开度 50。

S02 启动粗格栅 S201。

S03 启动潜水泵 P201。

S04 开潜水泵后止回阀。

S05 打开平流沉砂池刮渣机 S210 电源，启动刮渣机。

S06 打开平流沉砂池出口闸阀 V204，开度 50。

（2）调节池（图 5.9） 打开调节池出口闸阀 V209，开度 50。

（3）初沉池（图 5.10）

S01 打开初沉池刮泥机 S203 电源，启动刮泥机。

S02 打开初沉池出口排水闸阀 V206。

S03 当初沉池中污泥积累到一定高度时，打开初沉池出口排泥闸阀 V205，排泥入污泥浓缩池。

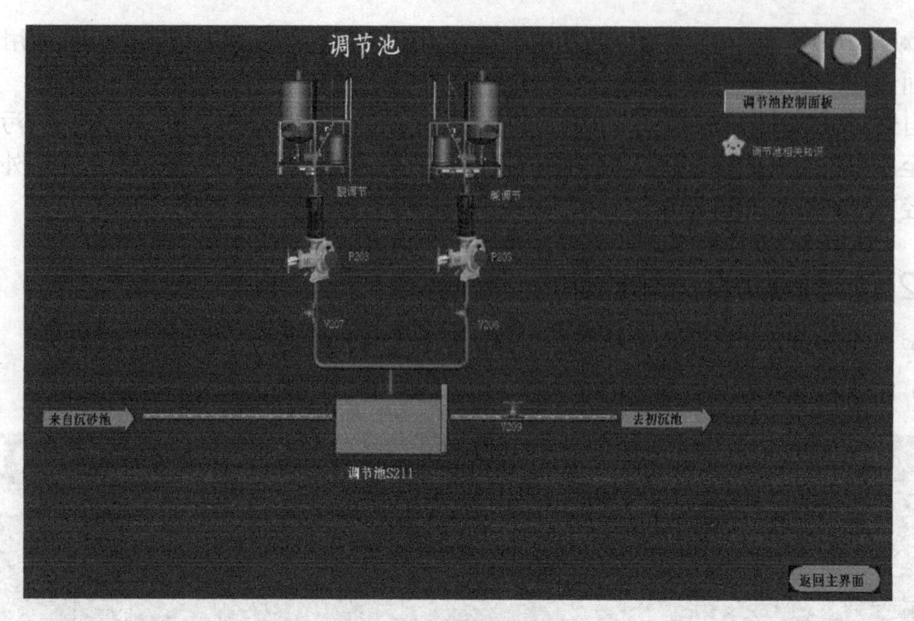

图 5.9　调节池操作界面

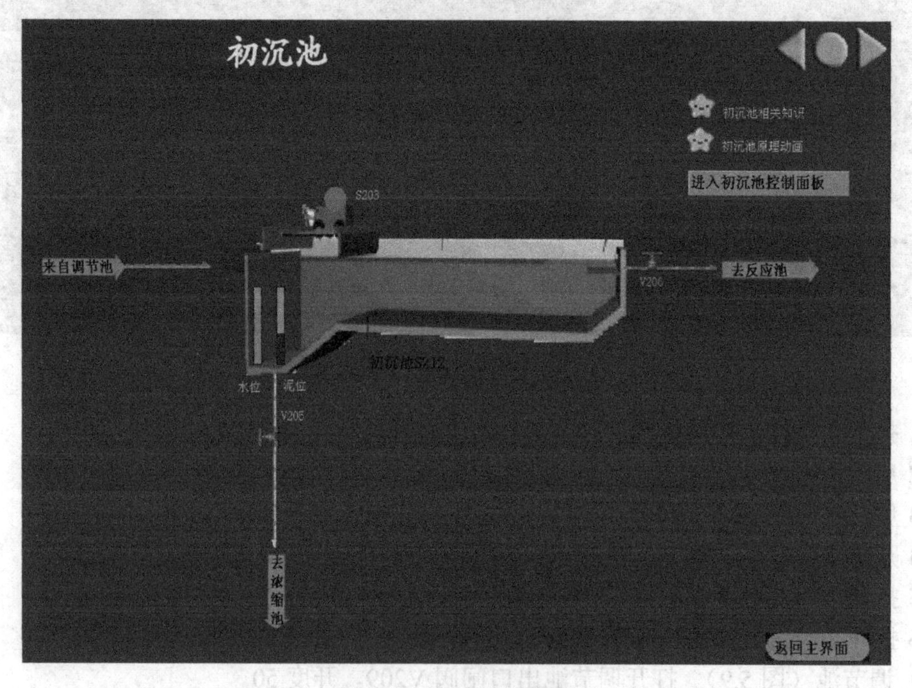

图 5.10　初沉池流程图

（4）反应池和气浮池（图 5.11）

S01 打开反应池加药计量泵 P204 电源，启动加药计量泵，调节加药阀门 V232 开度，控制加药速率。

S02 打开反应池搅拌器 S204 电源，启动搅拌器。

S03 打开溶气罐补水泵电源，启动补水泵，向溶气罐内补充循环水。

S04 溶气罐液位控制器选择自动，液位设定为 50%。

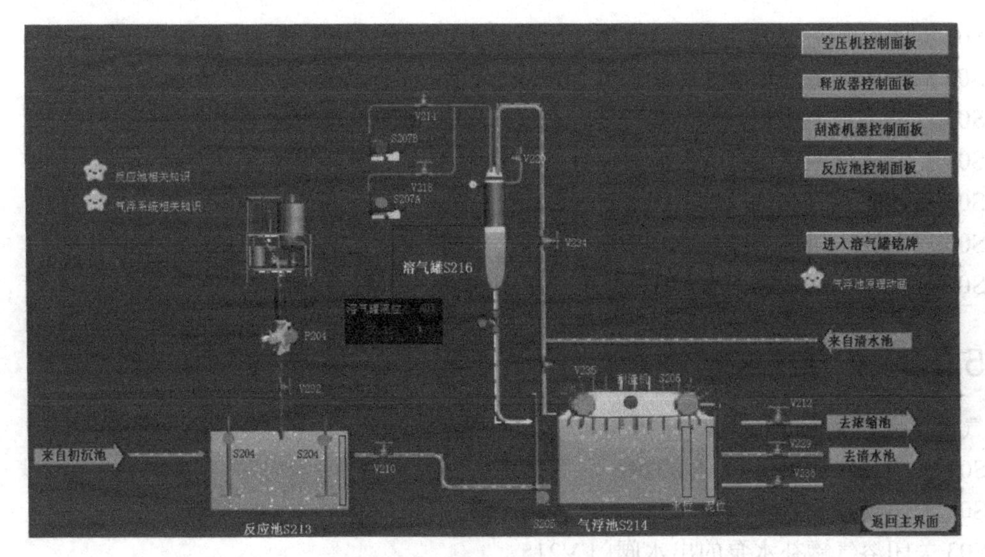

图 5.11　反应池和气浮池流程图

S05 待溶气罐内液位稳定在设定值时，启动空压机 S207A，向溶气罐内补充空气，控制溶气罐内压力为 350～400kPa。

S06 待溶气系统稳定后，打开气浮池进口阀门 V210，开度 50。

S07 启动气浮池释放器 S205。

S08 打开气浮池出水闸阀 V229，开度为 50。

S09 待气浮池集渣槽内浮渣积累到一定厚度时，启动气浮池刮渣机 S206，打开气浮池排泥阀门 V212 排渣，开度 50。

S10 打开清水池加药计量泵，启动清水池加药计量泵。

S11 打开清水池出水闸阀，开度 50，排放达标水。

（5）浓缩池和脱水机房（图 5.12）

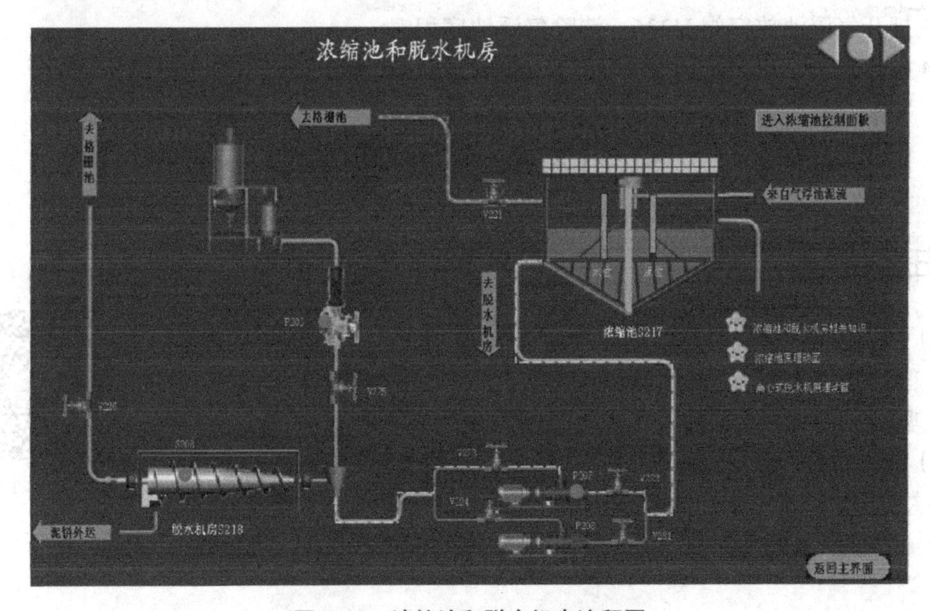

图 5.12　浓缩池和脱水机房流程图

S01 开浓缩池后提升泵前阀 V222，开度 100。

S02 启动浓缩池后提升泵 P207。

S03 打开浓缩池后提升泵后截止阀 V223，开度 50，输送污泥至脱水机房。

S04 打开浓缩池后闸阀 V221，开度 50，排水入粗格栅。

S05 启动脱水机房加药计量泵 P209。

S06 启动脱水机房离心脱水机 S208。

S07 开脱水机房后闸阀 V226，开度 50，排水入粗格栅。

5.2.3 气浮工艺停车操作

气浮工艺停车操作如下。

S01 关闭气浮池出水阀门 V229。

S02 关闭气浮池进水阀门 V210。

S03 关闭溶气罐补水泵的出水阀门 V215。

S04 进入清水池控制面板，点击溶气罐补水泵运行按钮，停运溶气罐补水泵。

S05 将溶气罐液位控制器 LIC201 选择手动挡。

S06 点击溶气罐液位控制器 LIC201，设定溶气罐出水阀门 V219 开度为 0（OP 值为 0），关闭阀门 V219。

S07 进入空压机控制面板，点击空压机 S207A 电源按钮，关闭空压机。

S08 进入刮渣机控制面板，点击刮渣机 S206 电源按钮。

S09 点击刮渣机 S206 运行按钮，启动刮渣机 S206。

S10 点击刮渣机速度调节器，设定刮渣速率为 5m/min，进行刮渣。

S11 待气浮池浮渣厚度为零时，刮渣完毕，进入刮渣机控制面板，点击刮渣机电源按钮，关闭刮渣机。

S12 全开气浮池出水阀 V229，进行气浮池排液操作。

S13 打开气浮池放空阀 V236，清除气浮池底积泥。

S14 操作完毕，点击总貌图中“提交试卷”按钮。

5.3 SBR 污水处理工艺运营

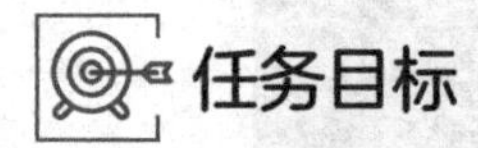

（1）知识目标

① 理解 SBR 单元工艺的原理。

② 理解 SBR 单元工艺的构筑物类型、构造及工作过程等。

（2）能力目标

能够进行 SBR 单元工艺的开车、停车操作。

5.5 SBR 池 1 手动运行

任务综述

（1）技能任务

① 掌握开车基本操作、维护巡视。

② 掌握停车基本操作、安全事项。

（2）探索任务

探索 SBR 单元工艺存在的问题。

情境导入

某污水处理厂采用 SBR 工艺处理城市生活污水，污水处理量为 $6000m^3/d$，污水进水水质见表 5.13，要求处理后出水水质达到《城镇污水处理厂污染物排放标准》（GB 18918—2002）二级标准，水质指标标准值见表 5.14。

表 5.13 污水进水水质

水质指标	COD /（mg/L）	BOD_5 /（mg/L）	SS /（mg/L）	氨氮（以 N 计）/（mg/L）	动植物油 /（mg/L）	pH
进水	300 ～ 500	100 ～ 150	500 ～ 1200	25	9	6.2 ～ 6.7

表 5.14 水质指标最高允许排放浓度

水质指标	COD /（mg/L）	BOD_5 /（mg/L）	SS /（mg/L）	氨氮（以 N 计）/（mg/L）	动植物油 /（mg/L）	pH
标准值	100	30	30	25（30）①	5	6 ～ 9

① 括号外数值为水温＞ 12℃时的控制指标，括号内数值为水温≤ 12℃时的控制指标。

5.3.1 SBR 工艺简介

间歇式活性污泥法又称为序批式活性污泥法，简称 SBR 法（Sequencing Batch Reactor）。SBR 工艺是一种高效、经济、可靠的适合中小水量污水处理的工艺，尤其对于污水中氮、磷的去除有其独到的优势。

原则上，可以把 SBR 法作为活性污泥法的一种新的运行方式。如果说连续式推流式曝气池是空间上的推流，则间歇式活性污泥曝气池在流态上虽然属于完全混合式，但在有机物降解方面却是时间上的推流。在连续式推流式曝气池内，有机污染物是沿着空间降解的，而间歇式活性污泥处理系统中有机污染物则是随着时间的推移而降解的。

SBR 工艺系统组成简单，运行工况以序列间隙操作为主要特征。所谓序列间歇式有两种含义：一是运行操作在空间上是按次序排列、间歇的方式进行的，由于废水大量且连续排放，流量的波动很大，此时间歇反应器（SBR）至少为两个池，废水连续按次序进入每个反应器，它们运行时的相对关系是有次序的，也是间歇的；二是每个 SBR 反应器的运行操作在时间上也是按次序排列间歇运行的，一般可按运行次序分为五个阶段，其中自进水、反应、沉淀、排水排泥至闲置期结束为一个运行周期。在一个运行周期中，各个阶段的运行时间、反应器内混合液体积的变化及运行状态等，都可以根据具体的污水性质、出水质量与运行功能要求等灵活掌握。对于某个单一 SBR 来说，只在时间上进行有效的控制与变换，即能非常灵活地达到多种功能的要求。

（1）进水工序　在污水注入之前，反应器处于五道工序中最后的闲置阶段，处理后的废水已经排放，反应器内残存着高浓度的活性污泥混合溶液，污水注满后再进行反应，从这个意义来说，反应器起到调节池的作用，因此，反应器对水质、水量的变动有一定的适应性。

本工序所需要的时间根据实际排水情况和设备条件确定，从工艺效果要求来看，注入时间以短促为宜，瞬间最好，但这在实际上有时是难以做到的。

（2）反应工序　这是本工艺最主要的一道工序。污水注入达到预定的高度后，即开始反应操作，根据污水处理的目的，如 BOD 去除、硝化、磷的吸收以及反硝化等，采取相应的技术措施，如前三项为曝气，后一项则为缓速搅拌，并根据需要达到的程度决定反应延续时间。

在本道工序的后期，进入下一步沉淀之前还要进行短暂的微量曝气，以吹脱污泥旁的气泡等，保证沉淀过程的正常进行，如需要排泥，也在本工序后期进行。

（3）沉淀工序　本工序相当于活性污泥法连续系统的二次沉淀池。在本工序停止曝气和搅拌，使混合液处于静止状态，活性污泥与水分离，由于本工序是静止沉淀，沉淀效果一般良好。

沉淀工序采取的时间基本同二次沉淀池，一般为 1.5 ～ 2.0h。

（4）排放工序　经过沉淀后产生的上清液作为处理水排放，一直到最低水位。在反应器内残留一部分活性污泥，作为种泥。

（5）待机工序（或闲置工序）　即在处理水排放后，反应器处于停滞状态，等待下一个操作周期开始的阶段。此工序时间应根据现场具体情况而定。

SBR 工艺有以下优点：工艺简单，节省费用；理想的推流过程使生化反应推动力大、效率高；运行方式灵活、脱氮除磷效果好；防止污泥膨胀的最好工艺，产泥量少。

SBR 工艺流程图如图 5.13 所示。

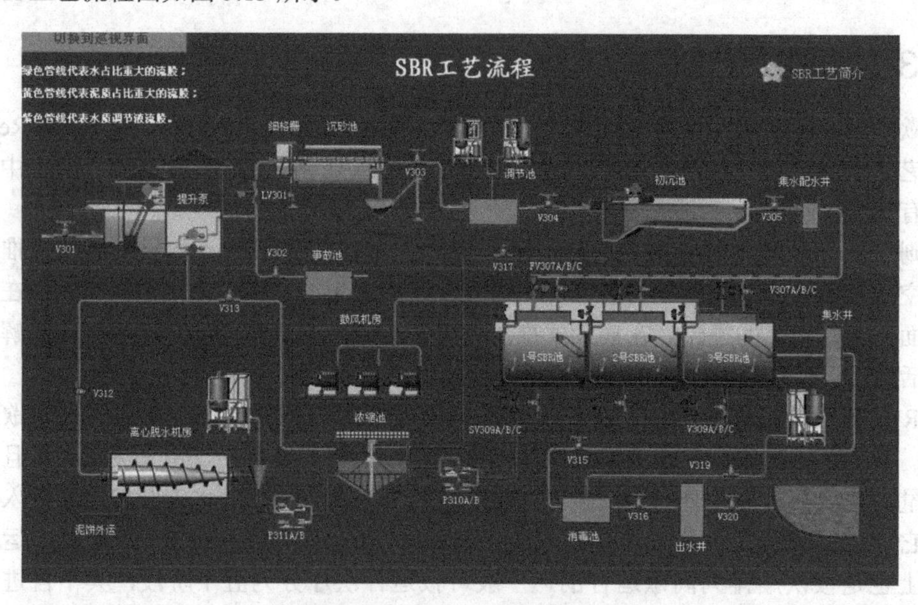

图 5.13　SBR 工艺流程图

待处理的污水首先进入粗格栅，粗格栅将污水中的大块悬浮物拦截下来，防止堵塞后续单元的机泵和工艺管道。经粗格栅处理的污水进入提升泵房，提升泵将进水提升至后续处理单元所要求的高度，使其实现重力自流，提升泵房出来的流水进入细格栅。随后流水由提升泵流经细格栅进入平流沉砂池，在平流沉砂池中，在重力的作用下，部分大颗粒悬浮物从污水中沉淀分离出来，沉砂池出水依靠重力自流进入调节池。调节池的作用是调节水量和水质。

污水由调节池进入初沉池，在初沉池中通过物理沉降，去除 40% 的 SS、25% 的 BOD_5 和 30% 的 COD_{Cr}。初沉池出水进入 SBR 池进一步处理。

污水流入 SBR 池，间歇地进行水处理。按时间顺序依次进行进水→反应→沉淀→出水→待机（闲置）等五个基本过程，然后周而复始反复进行。

来自 SBR 池的污泥在浓缩池中进行浓缩，剩余水经重力自流进入粗格栅，污泥由提升泵送至脱水机房。来自浓缩池的污泥在脱水机房中进行脱水处理、稳定处理和最终处置，泥饼外运，剩余水经重力自流至粗格栅入口。集水配水井调节进入消毒池的水量，对出水进行消毒杀菌。

5.3.2 SBR 工艺开车操作

SBR 工艺开车操作如下。

（1）开工前的准备工作及全面大检查　开工前全面大检查，确保设备处于良好的备用状态。

（2）格栅和平流沉砂池（图 5.14）

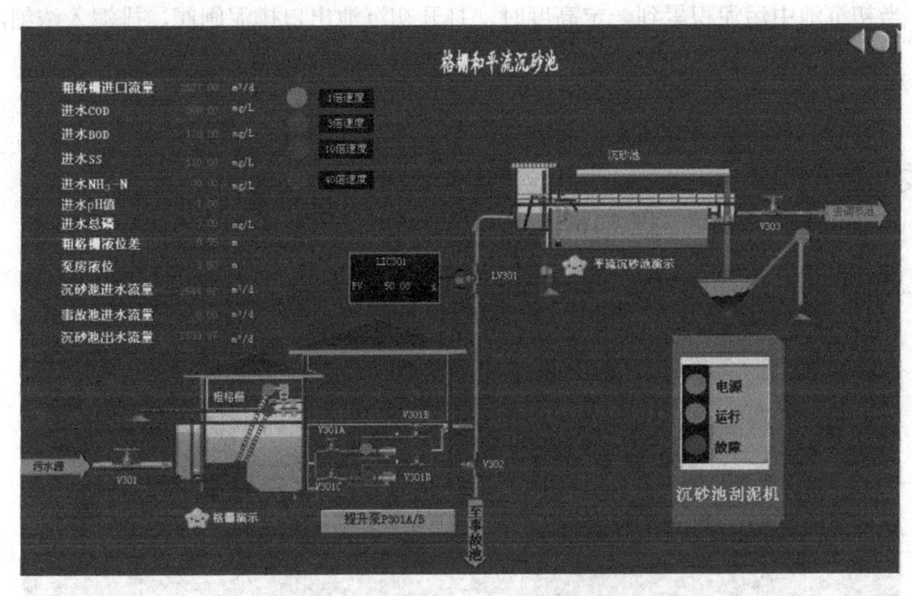

图 5.14　格栅和平流沉砂池流程图

S01 打开粗格栅入口现场阀。

S02 启动粗格栅。

S03 启动潜水泵。

S04 开潜水泵后止回阀。

S05 打开平流沉砂池刮渣机电源，启动刮渣机。

S06 开平流沉砂池出口闸阀。

（3）调节池　见图 5.15，调节水量和水质。

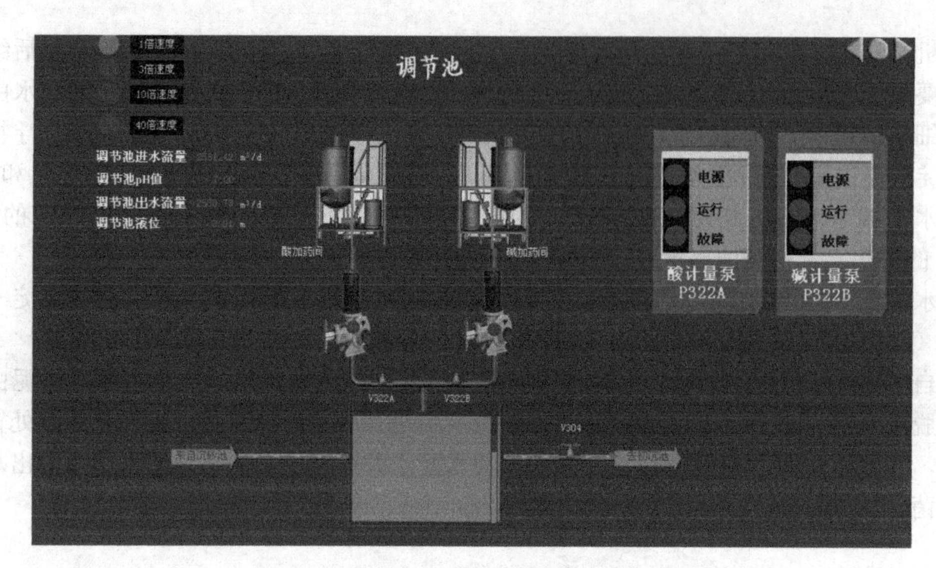

图 5.15 调节池流程图

（4）初沉池

S01 打开初沉池刮泥机电源，启动刮泥机。

S02 打开初沉池出口排水闸阀。

S03 当初沉池中污泥积累到一定高度时，打开初沉池出口排泥闸阀，排泥入浓缩池。

（5）SBR 池

S01 原污水流入间歇式曝气池。

S02 按时间顺序依次进行进水→反应→沉淀→出水→待机（闲置）等五个基本过程，周而复始反复进行。

（6）浓缩池和脱水机房（图 5.16）

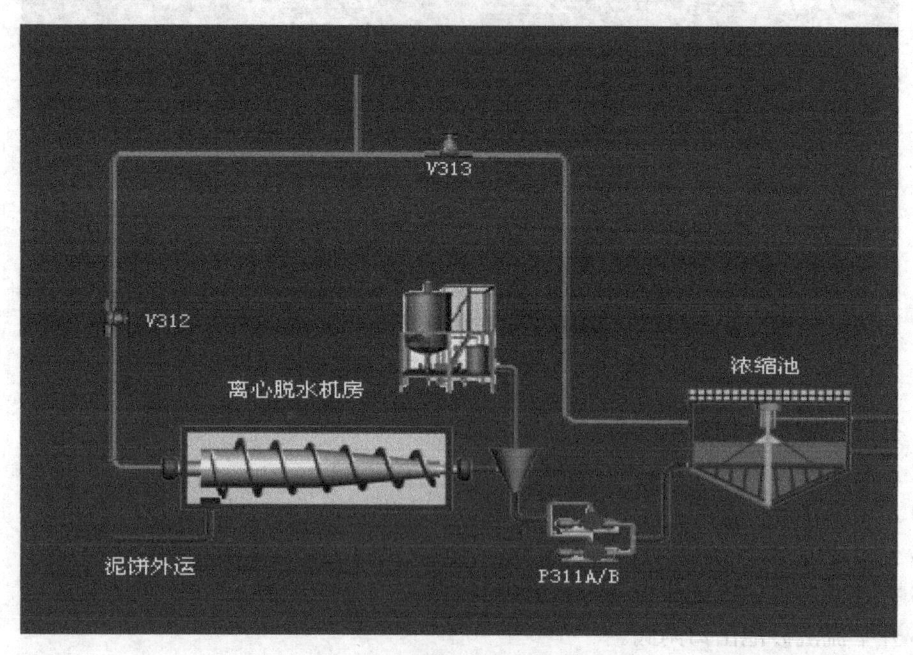

图 5.16 浓缩池和脱水机房流程图

S01 启动浓缩池刮泥机。

S02 开浓缩池后提升泵前阀。

S03 启动浓缩池后提升泵。

S04 开浓缩池后提升泵后截止阀，输送污泥入脱水机房。

S05 开浓缩池后闸阀，排水入粗格栅。

S06 启动脱水机房加药计量泵。

S07 启动脱水机房离心脱水机。

S08 开脱水机房后闸阀，排水入粗格栅。

5.3.3 SBR 工艺停车操作

SBR 工艺停车操作如下。

S01 关闭格栅入口阀门。

S02 关闭浓缩池上清液排水阀门。

S03 关闭脱水机排水阀门。

S04 关闭格栅。

S05 将泵房出口液位控制器设置为手动状态。

S06 将泵房出口液位控制器开度开大，保证泵房中的水继续流出。

S07 关闭提升泵 A 后阀。

S08 关闭提升泵 A 电源或者运行开关。

S09 关闭提升泵 A 前阀。

S10 沉砂池出水流量＜ 1000 时，关闭沉砂池出口阀。

S11 沉砂池出水流量＜ 1000 时，关闭平流沉砂池刮泥机电源或者其运行开关。

S12 观察调节池液位，低于 2m 时，关闭出口阀。

S13 观察初沉池液位，低于 2m 时，关闭出口阀。

S14 关闭初沉池刮泥机电源或者运行开关。

S15 初沉池后集水配水井液位低于 2m 时，观察 SBR 池 1 的自动运行状态，在运行到待机或者排队状态后，点击停止按钮，结束 SBR 池的运行状态。

S16 关闭 SBR 池 1 的对应滗水器。

S17 初沉池后集水配水井液位低于 2m 时，观察 SBR 池 2 的自动运行状态，在运行到待机或者排队状态后，点击停止按钮，结束 SBR 池的运行状态。

S18 关闭 SBR 池 2 的对应滗水器。

S19 初沉池后集水配水井液位低于 2m 时，观察 SBR 池 3 的自动运行状态，在运行到待机或者排队状态后，点击停止按钮，结束 SBR 池的运行状态。

S20 关闭 SBR 池 3 的对应滗水器。

S21 关闭 SBR 池排泥泵后阀。

S22 关闭 SBR 池排泥泵的电源或者运行开关。

S23 关闭 SBR 池排泥泵前阀。

S24 浓缩池液位低于 1.1m 后，关闭浓缩池排泥泵后阀。

S25 浓缩池液位低于 1.1m 后，关闭 SBR 池排泥泵的电源或者运行开关。

S26 浓缩池液位低于 1.1m 后，关闭浓缩池排泥泵前阀。

5.4 A^2/O 污水处理工艺运营

任务目标

5.6 A^2/O 开车操作

（1）知识目标

① 理解 A^2/O 工艺的原理。

② 理解 A^2/O 工艺构筑物的类型、构造及工作过程等。

（2）能力目标

能够进行 A^2/O 工艺的开车、停车操作。

任务综述

（1）技能任务

① 掌握开车基本操作、维护巡视。

② 掌握停车基本操作、安全事项。

（2）探索任务

探索 A^2/O 单元工艺存在的问题。

情境导入

某污水处理厂采用 A^2/O 工艺处理城市生活污水，污水处理量为 $6000m^3/d$，污水进水水质见表 5.15，要求处理后出水水质达到《城镇污水处理厂污染物排放标准》（GB 18918—2002）二级标准，水质指标标准值见表 5.16。

表 5.15　污水进水水质

水质指标	COD /（mg/L）	BOD_5 /（mg/L）	SS /（mg/L）	氨氮（以 N 计）/（mg/L）	动植物油 /（mg/L）	pH
进水	300 ～ 500	100 ～ 150	500 ～ 1200	25	9	6.2 ～ 6.7

表 5.16　水质指标最高允许排放浓度

水质指标	COD /（mg/L）	BOD_5 /（mg/L）	SS /（mg/L）	氨氮（以 N 计）/（mg/L）	动植物油 /（mg/L）	pH
标准值	100	30	30	25（30）①	5	6 ～ 9

① 括号外数值为水温＞ 12℃时的控制指标，括号内数值为水温≤ 12℃时的控制指标。

A^2/O 工艺各构筑物水质指标相关数值见表 5.17。工艺主要设备名称及作用如表 5.18 所示，主要显示仪表名称及主要指标数据如表 5.19 所示，主要泵类设备名称及作用如表 5.20 所示。

表 5.17 构筑物水质指标

水质参数	BOD	COD	SS	NH_3-N	P	pH
源污水	160	400	125	28	5	6～9
初沉池出水	120	280	75	25	5	6～9
生化池出水	14.4	39	75	3.75	1	6～9
二沉池出水	14.4	39	12	3.75	1	6～9
达标水水质要求	20	60	20	8（15）	1	6～9

表 5.18 主要设备一览表

位号	名称	说明
S401	回转式粗格栅	去除污水中大颗粒杂质
S402	回转式粗格栅（备用）	去除污水中大颗粒杂质
S403	沉砂池刮砂机	刮掉沉砂池中沉淀的污泥
S404	初沉池刮砂机	刮掉初沉池中沉淀的污泥
S407	空压机	向好氧池补充空气
S408	空压机	向好氧池补充空气
S409	空压机	向好氧池补充空气
S410	厌氧池搅拌器	使厌氧池内溶液和药混合均匀
S411	缺氧池搅拌器	使缺氧池内溶液和药混合均匀
S412	二沉池刮砂机	刮掉二沉池中沉淀的污泥
S413	二沉池刮砂机	刮掉二沉池中沉淀的污泥
S414	脱水机房压滤机	污泥脱水
S421	沉砂池	采用物理作用将砂从污水中分离出来，以免砂在后续处理单元和管道中沉积，导致设备过度磨损
S422	调节池	用于调节水量和水质
S423	初沉池	去除50%～60%的SS，去除25%～35%的BOD_5，去除漂浮物，均和水质
S424	厌氧池	释放磷，使污水中P的浓度升高，溶解性有机物被微生物细胞吸收而使污水中BOD浓度下降
S425	缺氧池	将回流混合液中带入的大量NO_3^--N和NO_2^--N还原为N_2释放至空气
S426	好氧池	有机氮被硝化，使NH_3-N浓度显著下降，但随着硝化过程使NO_3^--N浓度增加，P随着聚磷菌的过量摄取，也以比较快的速度下降
S427	配水井	储存和缓冲作用
S428、S429	二沉池	实现污泥和水的分离；同时可以向二沉池中投加药剂，调节水质
S430	清水池	储存和出水的最后处理，使出水达标并排放
S431	污泥回流井	储存和缓冲作用
S432	浓缩池	对污泥进行浓缩，上清液回流至泵房，污泥运至脱水机房
S433	脱水机房	对污泥进行浓缩、脱水、稳定处理和最终处置，以达到减量化、稳定化、无害化以及资源化的目的

表 5.19 主要显示仪表及指标一览表

位号	名称	说明
FI401	污水来源流量计	正常值1041m^3/h
FI402	提升泵房出水流量计	正常值1041m^3/h
FI403	沉砂池出水流量计	正常值1041m^3/h

续表

位号	名称	说明
FI404	调节池出水流量计	正常值 1041m^3/h
FI405	初沉池出水流量计	正常值 1041m^3/h
FI406	初沉池出泥流量计	正常值 0.02m^3/h
FI407	厌氧池出水流量计	正常值 3123m^3/h
FI408	缺氧池出水流量计	正常值 3123m^3/h
FI409	好氧池出水流量计	正常值 1041m^3/h
FI410	好氧池至厌氧池内回流流量计	正常值 2082m^3/h
FI411	二沉池 S428 进水流量计	正常值 520m^3/h
FI412	二沉池 S429 进水流量计	正常值 520m^3/h
FI413	二沉池 S428 出水流量计	正常值 514m^3/h
FI414	二沉池 S429 出水流量计	正常值 514m^3/h
FI415	二沉池 S428 出泥流量计	正常值 6.87m^3/h
FI416	二沉池 S429 出泥流量计	正常值 6.87m^3/h
FI417	污泥回流井出水流量计	正常值 14m^3/h
FI418	清水池出水流量计	正常值 1028m^3/h
FI419	污泥回流井至浓缩池流水流量计（剩余污泥）	正常值 6.87m^3/h
FI420	回流污泥流量计	正常值 6.87m^3/h
FI421	浓缩池出水流量计	间歇操作
FI422	浓缩池出泥流量计	间歇操作
FI424	脱水机房加药流量计	正常值 0 ～ 1m^3/d
LI401	粗格栅液位计	正常值 0.5m
LI402	提升泵房液位计	正常值 0.7m
LI403	沉砂池液位计	正常值 1m
LI404	调节池液位计	正常值 5m
LI405	初沉池水位计	正常值 5m
LI406	厌氧池液位计	正常值 5m
LI407	缺氧池液位计	正常值 5m
LI408	好氧池液位计	正常值 5m
LI409	配水井液位计	正常值 5m
LI410	二沉池 S428 水位计	正常值 5m
LI411	二沉池 S429 水位计	正常值 5m
LI412	清水池水位计	正常值 5m
LI413	污泥回流井液位计	正常值 4m
LI414	浓缩水面液位计	正常值 4m

表 5.20　主要泵类设备一览表

位号	名称	说明
P401	泵房提升泵	为经粗格栅过滤的污水提供压力，使之进入沉砂池
P402	泵房提升泵（备用）	为经粗格栅过滤的污水提供压力，使之进入沉砂池
P403	调节池加药计量泵（加酸）	向调节池中加入酸液，以调节污水的 pH 值
P404	调节池加药计量泵（加碱）	向调节池中加入碱液，以调节污水的 pH 值
P405	内回流泵	使好氧池出水回流至厌氧池，形成内循环

续表

位号	名称	说明
P406	内回流泵（备用）	向溶气罐中补充循环清水
P407、P408	污泥回流泵	为污泥回流井出泥提供动力，使二沉池出泥部分回流至厌氧池，部分去浓缩池
P409、P410	污泥浓缩池污泥泵	为去脱水机房的污泥提供动力
P411	脱水机房加药计量泵	向脱水机房加药，对污泥进行稳定化处理
P412	清水池加药计量泵	向清水池中加药，对清水进行排放前的最后处理

5.4.1 A^2/O 工艺简介

A^2/O 工艺又称厌氧 - 缺氧 - 好氧法。A^2/O 单元工艺的一级处理包括格栅及提升泵房、沉砂池、调节池、初沉池；二级处理采用 A^2/O 工艺。工艺流程图见图 5.17。

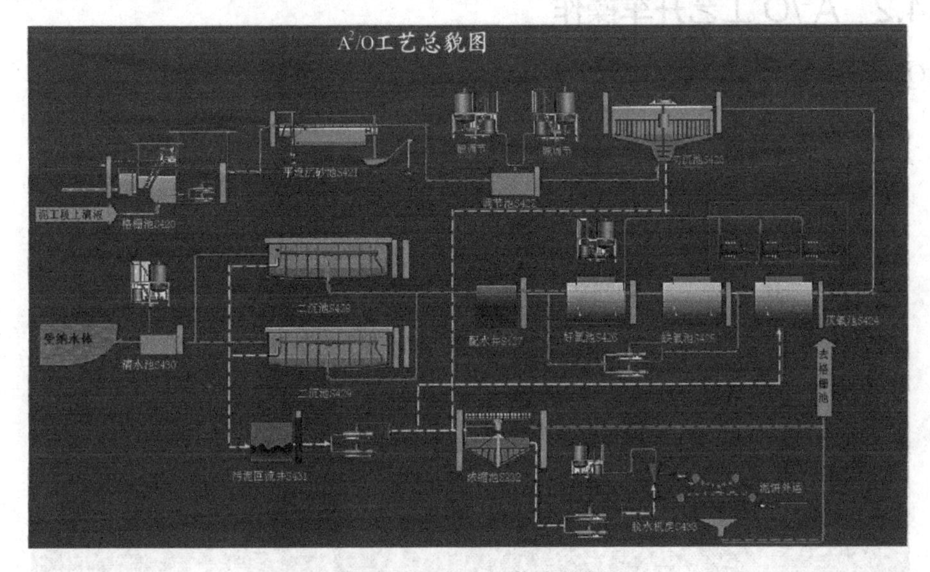

图 5.17 A^2/O 工艺流程图

待处理的污水首先进入粗格栅，粗格栅将污水中大块污物拦截下来，防止堵塞后续单元的机泵和工艺管道。经粗格栅处理的污水进入提升泵房，提升泵将进水提升至后续处理单元所要求的高度，使其实现重力自流，提升泵房出来的流水进入细格栅。流水由提升泵流经细格栅进入平流沉砂池，在平流沉砂池中，在重力的作用下，部分大颗粒的悬浮颗粒 SS 从污水中沉淀分离出来，沉砂池出水由重力自流进入调节池。调节池的作用是用于调节水量和水质。调节池出水进入平流式初沉池。在初沉池中通过物理沉降，去除 40% 的 SS、25% 的 BOD_5 和 30% 的 COD_{Cr}。初沉池出水进入反应池进一步处理。

厌氧反应池中进行磷的释放使污水中 P 的浓度升高，溶解性有机物被细胞吸收而使污水中 BOD 浓度下降，另外 NH_3-N 因细胞合成而被去除一部分。厌氧池氧气含量控制在 0.3mg/L 以下。

在缺氧反应池中，反硝化菌利用污水中的有机物作碳源，将回流混合液中带入的大量 NO_3^--N 和 NO_2^--N 还原为 N_2 释放至空气，因此 BOD_5 浓度继续下降，NO_3^--N 浓度大幅度下降，但磷的变化很小。

在好氧反应池中，有机物被微生物生化降解，其浓度继续下降；有机氮被氨化继而被硝化，使 NH_3-N 浓度显著下降，NO_3^--N 浓度显著增加，而磷随着聚磷菌的过量摄取也以较快的速率下降。好氧池溶氧气含量控制在 2 ～ 3mg/L。

从曝气池出来的混合液在二沉池进行泥水分离，上清液进入清水池消毒处理后，进入出水井排放。沉淀下来的污泥一部分经回流污泥井回流进行生化反应，剩余污泥则排到浓缩池进行浓缩处理。二沉池配水井和回流污泥井都起到对来水（泥）进行储存和缓冲的作用。

来自 A^2/O 池的污泥在浓缩池中进行浓缩，剩余水经重力自流至粗格栅，污泥由提升泵送至脱水机房。

来自浓缩池的污泥在脱水机房中进行脱水处理、稳定处理和最终处置，滤饼排放，剩余水经重力自流至厂区污水管。

5.4.2　A^2/O 工艺开车操作

A^2/O 工艺开车操作步骤如下。

（1）格栅池 - 提升泵房 - 沉砂池（图 5.18）

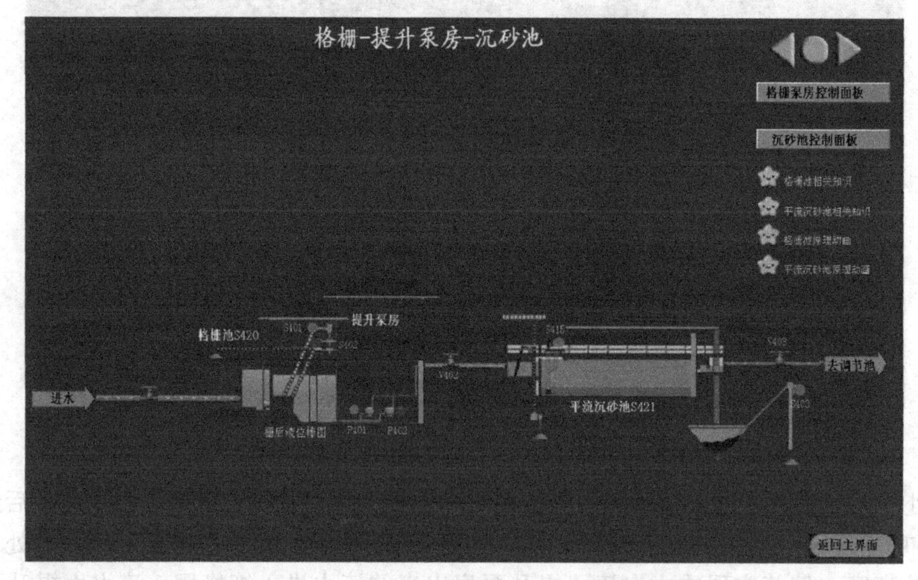

图 5.18　格栅池 - 提升泵房 - 沉砂池流程图

S01 半开格栅池入口阀门 V401，向格栅池进水，控制格栅池进水流量为 1042m³/h。

S02 进水稳定后，启动格栅 S401 或 S402。

S03 当格栅池栅后液位达到 70% 左右时，启动提升泵 P401 或 P402，向提升泵房进水。

S04 待提升泵房液位接近 0.9m 时，半开提升泵房出水阀门 V402，向平流沉砂池进水。

S05 待平流沉砂池中有 50% 以上的液位大于 0.9m 后，启动平流沉砂池刮渣机 S415。

S06 启动平流沉砂池刮砂机。

S07 待平流沉砂池液位接近 1m 时，半开平流沉砂池出口阀门 V403。

S08 控制平流沉砂池出水流量等于粗格栅进水流量（1042m³/h）。

（2）调节池开车过程（图 5.19）

S01 待调节池液位接近 50% 时，半开调节池出水阀门 V404，向初沉池进水。

S02 控制调节池出水流量等于 1042m³/h。

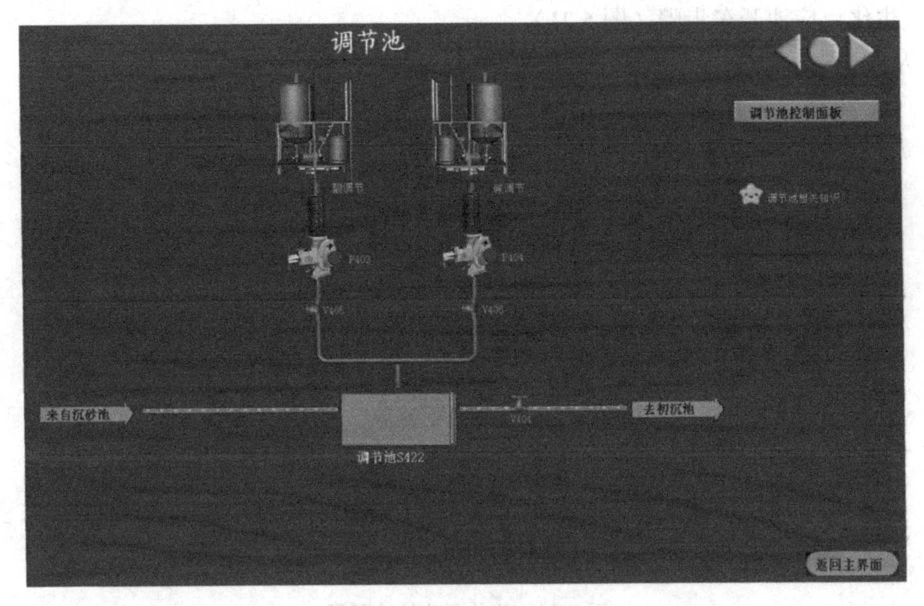

图 5.19　调节池流程图

（3）初沉池（图 5.20）

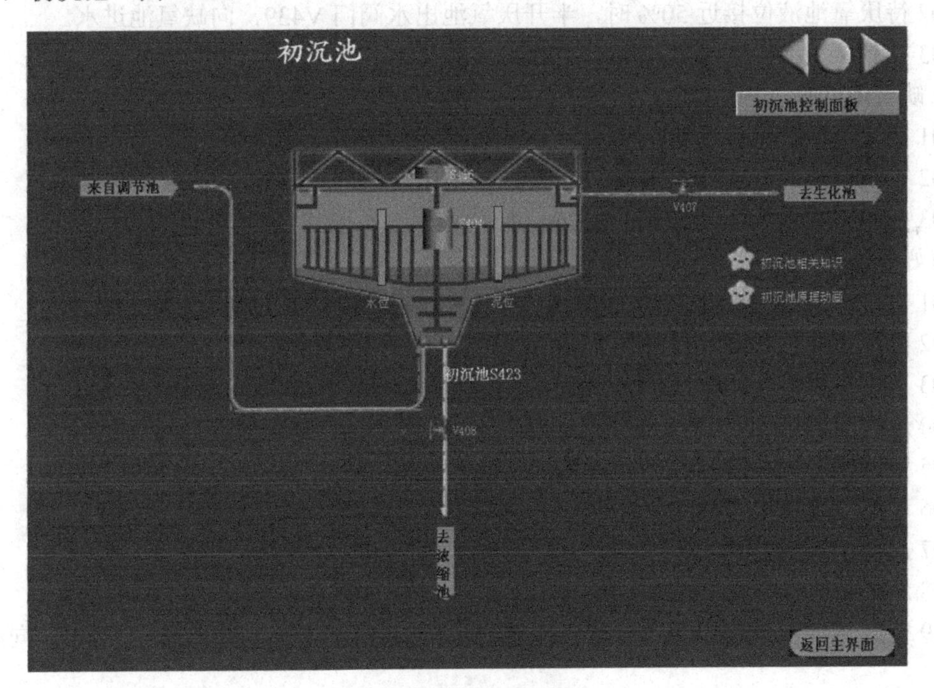

图 5.20　初沉池流程图

S01 待初沉池液位接近 50% 时，启动初沉池撇渣机。

S02 待初沉池液位接近 50% 时，启动初沉池刮泥机。

S03 设置刮泥机行车速度为 5m/min。

S04 半开初沉池出口阀门 V407，向生化池进水。

S05 控制初沉池出水流量等于 1042m^3/h。

（4）生化反应池开车步骤（图 5.21）

① 厌氧池开车过程。

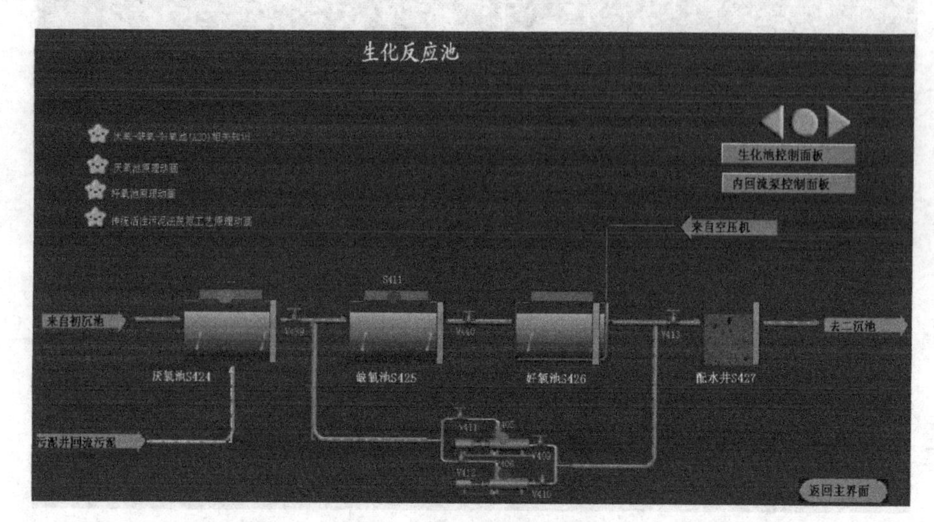

图 5.21　生化反应池流程图

S01 待厌氧池液位接近 50% 时，启动厌氧池搅拌器。

S02 待厌氧池液位接近 50% 时，半开厌氧池出水阀门 V439，向缺氧池进水。

S03 控制厌氧池出水流量等于 1042m^3/h。

② 缺氧池开车过程。

S01 待缺氧池液位接近 50% 时，启动缺氧池搅拌器。

S02 待缺氧池液位接近 50% 时，半开缺氧池出口阀门 V440，向好氧池进水。

S03 控制缺氧池出水流量等于 3126m^3/h。

③ 好氧池开车过程。

S01 待好氧池液位接近 30% 左右时，半开空压机 S407 的进口阀门 V444。

S02 半开空压机 S407 出口阀门 V415。

S03 启动空压机 S407。

S04 选择空压机 S407 转速中速。

S05 半开空压机 S408 入口进口阀门 V445。

S06 半开空压机出口阀门 V416。

S07 启动空压机 S408。

S08 选择空压机 S408 转速为中速。

S09 待好氧池液位接近 50% 左右时，打开好氧池出口去配水井的阀门 V413，向配水井进水。

S10 控制好氧池出水流量等于 1042m^3/h。

S11 全开生化池回流泵 P405 前阀 V409（或全开生化池回流泵 P406 前阀 V410）。

S12 启动生化池回流泵 P405（或启动生化池回流泵 P406）。

S13 半开生化池回流泵 P405 后阀 V411（或半开生化池回流泵 V412）。

S14 控制混合液内回流流量等于 2084m³/h。

S15 待配水井液位接近 50% 时，半开二沉池 S428 进口阀门 V418，向二沉池进水。

S16 控制二沉池 S428 进水流量等于 521m³/h。

S17 待配水井液位接近 50% 时，半开二沉池 S429 进口阀门 V419，向二沉池进水。

S18 控制二沉池 S429 进水流量等于 521m³/h。

（5）二沉池 - 清水池开车过程（图 5.22）

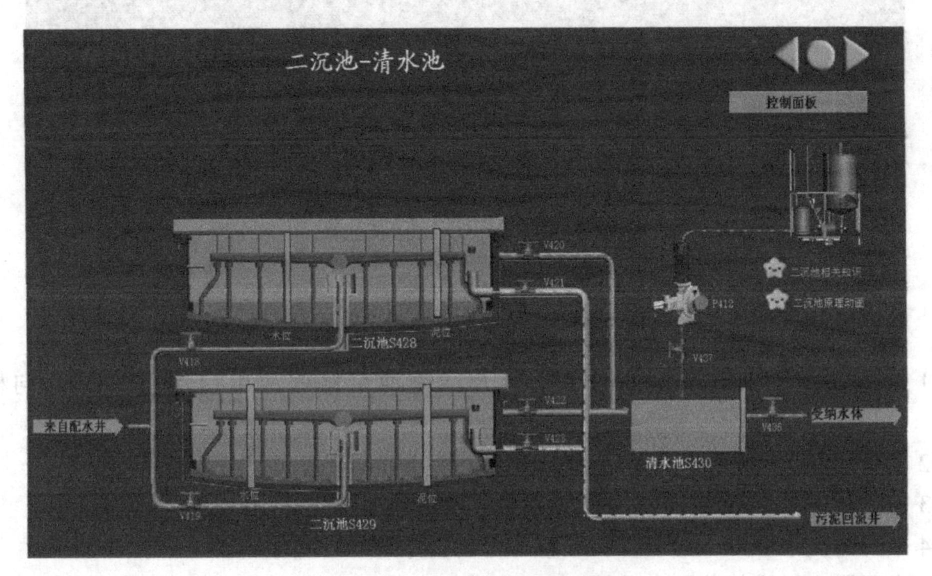

图 5.22　二沉池 - 清水池流程图

S01 待二沉池 S428 液位接近 50% 时，启动二沉池刮泥机 S412。

S02 待二沉池 S429 液位接近 50% 时，启动二沉池刮泥机 S413。

S03 待二沉池 S429 液位接近 50% 时，半开二沉池 S428 的出水阀门 V420，向清水池进水。

S04 控制二沉池 S428 水位百分比等于 70%。

S05 待二沉池 S429 液位接近 50% 时，半开二沉池 S429 的出水阀门 V422，向清水池进水。

S06 控制二沉池 S429 水位百分比等于 70%。

S07 待二沉池 S428 有一定泥位时，半开二沉池出泥阀门 V421，向污泥回流井进泥。

S08 待二沉池 S429 有一定泥位时，半开二沉池出泥阀门 V423，向污泥回流井进泥。

（6）污泥回流井开车过程

S01 半开污泥回流井去浓缩池阀门 V428。

S02 半开污泥回流井去厌氧池阀门 V429。

S03 待污泥回流井有一定泥位时，全开污泥回流泵 P407 前阀 V424（或全开污泥回流泵 P408 前阀 V425）。

S04 启动污泥回流泵 P407（或启动污泥回流泵 P408）。

S05 半开污泥回流泵 P407 后阀 V426（或半开污泥回流泵 P407 后阀 V427）。

（7）浓缩池和脱水机房开车过程（图 5.23）

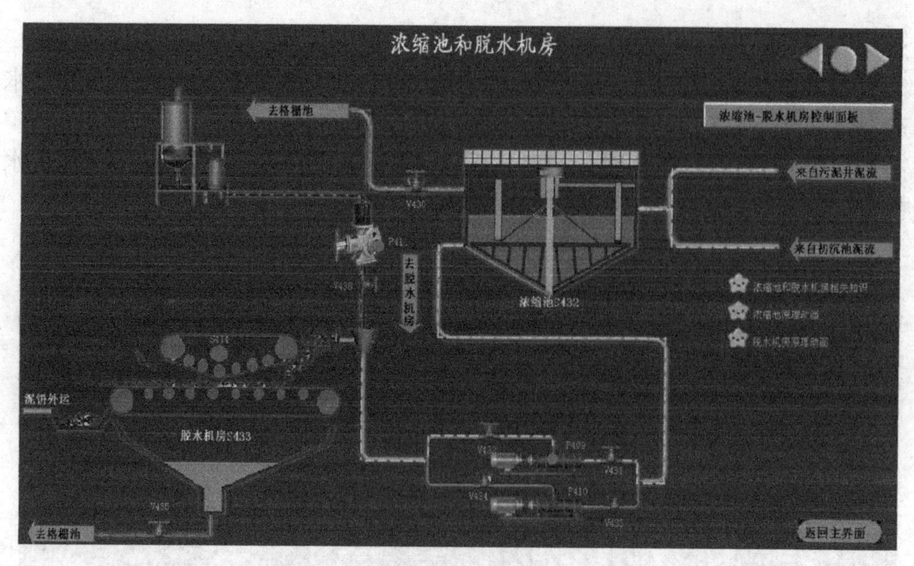

图 5.23　浓缩池和脱水机房流程图

S01 待污泥浓缩池有一定水位后，打开浓缩池至格栅池出口阀门 V430，向格栅池进水。

S02 全开污泥泵 P409 前阀 V431（或全开污泥泵 P410 前阀 V433）。

S03 启动污泥泵 P409，向脱水机房进泥（或启动污泥泵 P410）。

S04 半开污泥泵 P409 后阀 V432（或半开污泥泵 P410 后阀 V434）。

S05 半开脱水机房加药泵出药阀门 V438。

S06 启动脱水机房加药泵 P411，向脱水机加药。

S07 启动脱水机房污泥脱水机 S414。

S08 半开污泥脱水机房出水阀门 V435，向格栅池通处理后回水。

5.4.3　A^2/O 工艺停车操作

A^2/O 工艺停车操作步骤如下。

S01 全开清水池出水阀门 V436。

S02 如果提升泵 P401 处于运行状态，停运提升泵 P401。

S03 如果提升泵 P402 处于运行状态，停运提升泵 P402。

S04 关闭格栅池进水阀门 V401。

S05 如果粗格栅 S401 处于运行状态，停运粗格栅 S401。

S06 如果粗格栅 S402 处于运行状态，停运粗格栅 S402。

S07 如果生化池内回流泵 P405 处于运行状态，停运生化池内回流泵 P405。

S08 如果生化池内回流泵 P406 处于运行状态，停运生化池内回流泵 P406。

S09 停运平流沉砂池刮砂机 S415。

S10 停运平流沉砂池刮泥机 S403。

S11 停运初沉池刮砂机 S416。

S12 停运初沉池刮泥机 S404。

S13 关闭好氧池至配水井出口阀门 V413。
S14 如果污泥回流泵 P407 处于运行状态，停运污泥回流泵 P407。
S15 如果污泥回流泵 P408 处于运行状态，停运污泥回流泵 P408。
S16 关闭二沉池 S428 出泥阀门 V421。
S17 关闭二沉池 S428 出泥阀门 V423。
S18 关闭二沉池 S428 刮泥机 S412。
S19 关闭二沉池 S429 刮泥机 S412。
S20 停运清水池加药泵 P412。
S21 如果污泥泵 P409 处于运行状态，停运污泥泵 P409。
S22 如果污泥泵 P410 处于运行状态，停运污泥泵 P410。
S23 停运脱水机房脱水机 S414。
S24 停运脱水机房加药泵 P411。
S25 关闭初沉池去浓缩池阀门 V408。
S26 关闭脱水机房至格栅池出口阀门 V435。

5.5 UASB 污水处理工艺运营

5.7 初次启动问题

任务目标

（1）知识目标

① 理解 UASB 工艺的原理。

② 理解 UASB 工艺构筑物的类型、构造及工作过程等。

（2）能力目标

能够进行 UASB 工艺的开车、停车操作。

任务综述

（1）技能任务

① 掌握开车基本操作、维护巡视。

② 掌握停车基本操作、安全事项。

（2）探索任务

探索 UASB 单元工艺存在的问题。

情境导入

某处理厂污水处理量为 6000m³/d，污水进水水质见表 5.21，要求处理后出水水质达到《城镇污水处理厂污染物排放标准》（GB 18918—2002）二级标准，水质指标标准值见表 5.22。

表 5.21　污水进水水质

水质指标	COD /（mg/L）	BOD_5 /（mg/L）	SS /（mg/L）	氨氮（以 N 计）/（mg/L）	动植物油 /（mg/L）	pH
进水	300 ～ 500	100 ～ 150	500 ～ 1200	25	9	6.2 ～ 6.7

表 5.22　水质指标最高允许排放浓度

水质指标	COD /（mg/L）	BOD_5 /（mg/L）	SS /（mg/L）	氨氮（以 N 计）/（mg/L）	动植物油 /（mg/L）	pH
标准值	100	30	30	25（30）①	5	6 ～ 9

① 括号外数值为水温＞ 12℃时的控制指标，括号内数值为水温≤ 12℃时的控制指标。

UASB 工艺运行参数如表 5.23 所示，工艺主要设备名称及作用如表 5.24 所示，主要显示仪表名称及主要指标数据如表 5.25 所示，主要泵类设备名称及作用如表 5.26 所示。

表 5.23　构筑物水质参数

水质参数	BOD/（mg/L）	COD/（mg/L）	SS/（mg/L）	NH_3-N/（mg/L）	P/（mg/L）	pH
源污水	160	400	125	28	5	6 ～ 9
初沉池出水	120	280	75	25	5	6 ～ 9
生化池出水	14.4	39	75	3.75	1	6 ～ 9
二沉池出水	14.4	39	12	3.75	1	6 ～ 9
达标水水质要求	20	60	20	8（15）	1	6 ～ 9

表 5.24　工艺主要设备一览表

位号	名称	说明
S501	回转式粗格栅	去除污水中大颗粒杂质
S502	回转式细格栅	去除污水中较小颗粒杂质
S503A/B/C/D	SBR 池	去除有机物，净化水质
S504	初沉池	去除固体悬浮物
S506	沉砂池	去除较小的砂粒
S507	污泥浓缩池	对回流井沉积的污泥进行浓缩
S509	污泥脱水机房	对污泥进行脱水处理
D510	事故池	对来水起分流的作用
S511A/B	UASB 反应器	去除有机物，净化水质
S512	调节池	调整 pH 值
D501	配水井 1	暂存缓冲
D502	配水井 2	暂存缓冲
D503	集水井	暂存缓冲
D504	冲洗池	暂存缓冲
D505	消毒池	消毒出水

表 5.25　主要显示仪器一览表

位号	名称	说明
FI501	污水来源流量计	正常值 5000m³/d
FI502A	沉砂池入口流量计	正常值 5000m³/d
FI502B	事故池入口流量计	正常值 5000m³/d
FI503	沉砂池出口流量计（调节池进水流量计）	正常值 5000m³/d

续表

位号	名称	说明
FI504	调节池出水流量计	正常值 5000m³/d
FI505	初沉池出水流量计	正常值 5000m³/d
FI507A/B/C	SBR 池入水流量计	正常值 5000m³/d
FI508A/B/C	SBR 池出水流量计	正常值 5000m³/d
FI509A/B/C	SBR 池排泥流量计	间歇操作，最大 3000m³/d
FI510	浓缩池进泥流量	间歇操作，最大 10000 m³/d
FI514	集水井入口流量计	间歇操作，最大 10000m³/d
FI515	集水井出口流量计	间歇操作，最大 10000m³/d
FI520	出水井出口流量计	间歇操作，最大 10000m³/d
LI501A	粗格栅液位计	设计最大为 10m，实际最大 7m
LI501C	粗格栅液位差	单位为 m
LI504A	调节池液位计	设计最大为 4m，实际最大 4m
LI505A	初沉池液位计	设计最大为 4m，实际最大 4m
LI505B	初沉池泥位计	设计最大为 4m，实际最大 4m
LI507A/B/C	SBR 池水面位计	设计最大为 4m，实际最大 4m
LI503/B/C	SBR 池泥面位计	设计最大为 4m，实际最大 4m
LI510	浓缩池液位计	设计最大为 4m，实际最大 4m
LI515	集水井水位计	设计最大为 4m，实际最大 4m
LI516	消毒池水位计	设计最大为 4m，实际最大 4m
PI5501A	1 号鼓风机电压	380V
PI5501B	2 号鼓风机电压	380V
PI5501C	3 号鼓风机电压	380V
II5501A	1 号鼓风机电流	185A
II5501B	2 号鼓风机电流	185A
II5501C	3 号鼓风机电流	185A

表 5.26　主要泵类设备一览表

位号	名称	说明
P501C/D	泵房提升泵（2 个）	为经粗格栅过滤的污水提供压力，使之进入沉砂池
P511A/B	污泥浓缩池污泥泵	为去脱水机房的污泥提供动力
P510A/B	SBR 池污泥泵	为去浓缩池的污泥提供动力

5.5.1 UASB 工艺简介

升流式厌氧污泥床是一种高效处理污水的厌氧生物反应器，简称 UASB。在运行过程中，废水以一定的流速自反应器的底部进入反应器，水流在反应器中的上升流速一般为 0.5 ～ 1.5m/h，多在 0.6 ～ 0.9m/h 之间。水流依次流经污泥床、污泥悬浮层至三相分离器。UASB 反应器中的水流呈推流形式，进水与污泥床及污泥悬浮层中的微生物充分混合接触并进行厌氧分解。厌氧分解过程产生的沼气在上升过程中将污泥颗粒托起。由于产生了大量气泡，即使在较低的有机负荷和水力负荷的条件下也能看到污泥床的明显膨胀。随着反应器产气量的不断增加，由气泡上升所产生的搅拌作用降低了污泥中夹带气泡的阻力，气体便从污泥床内突发性地逸出，使污泥床表面呈沸腾和流化状态。反应器中沉淀性能良好的颗粒状污泥则处于反应器的下部形成高质量浓度的污泥床。随着水流的上升流动，气、水、泥三相混合液（消化液）上升至三相分离器中，气体遇到反射板或挡板后折向集气室而被有效地分离排出。污泥和水进入上部的静止沉淀区，在重力作用下泥水分离。三相分离器的作用使得反应器混合液中的污泥有一个良好的沉淀、分离和絮凝的环境，有利于提高污泥的沉降性能。

反应器中存在高质量浓度的颗粒状的高活性污泥。这种活性污泥是在一定的运行条件下，通过严格控制反应器的水力学特性及有机污染物负荷，经过一段时间的培养而形成的。

UASB 具有运行费用低、投资少、效果好、耐冲击负荷、适应 pH 和温度变化、结构简单及便于操作等优点，应用日益广泛。UASB 反应器的特色主要体现在反应器内形成的颗粒污泥使反应器内的污泥浓度大幅度提高，水力停留时间因此大大缩短，加上 UASB 内设三相分离器而省去了沉淀池，又不需搅拌和填料，因而结构也趋于简单。UASB 适用于高浓度的有机污染物废水处理。

UASB 工艺流程图见图 5.24。

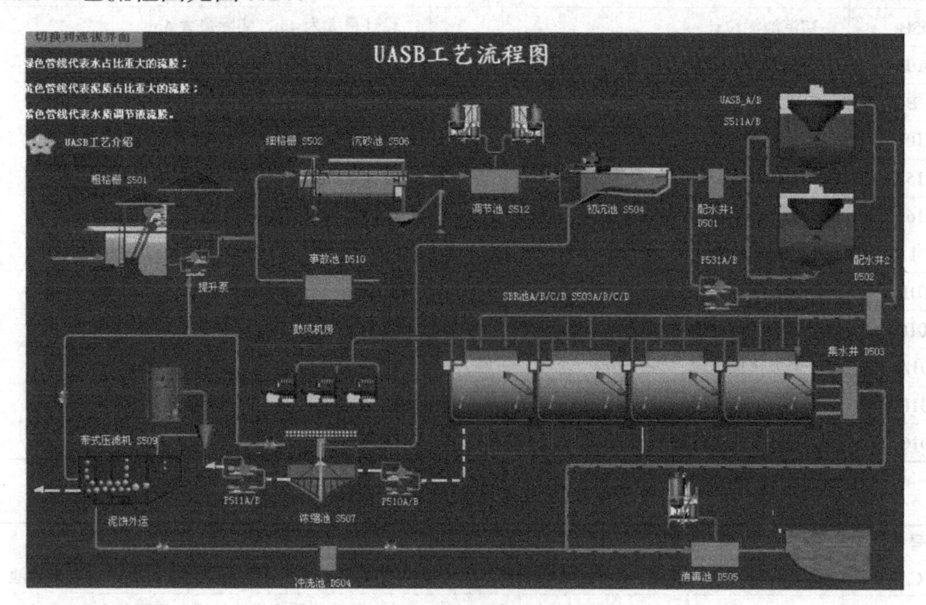

图 5.24　UASB 工艺流程图

一级处理包括格栅及提升泵房、沉砂池、调节池和初沉池；二级处理采用 UASB 反应器和 SBR 反应器。

污水首先通过粗格栅及提升泵房、细格栅及沉砂池、调节池、初沉池，去除固体悬浮物，并调整 pH 值使其在适合活性污泥生化反应的范围内。

初沉池出水进入 UASB 反应器。进水配水系统将进入反应器的废水均匀分配到反应器整个断面，使其均匀上升，并起到水力搅拌的作用。反应区是 UASB 反应器的主要部位，三相分离器将气、固、液三相进行分离，气室的功能是收集产生的沼气。处理水排水系统将沉淀区水面上的处理水均匀地加以收集，并将其排出反应器。

出水流入 SBR 池，间歇地进行水处理。按时间顺序依次进行进水→反应→沉淀→出水→待机（闲置）等五个基本过程，然后周而复始反复进行。

来自 SBR 池的污泥在浓缩池中进行浓缩，剩余水经重力自流至粗格栅，污泥由提升泵送至脱水机房。来自浓缩池的污泥在脱水机房中进行脱水、稳定处理和最终处置，泥饼外运，剩余水经重力自流至粗格栅入口。出水进入消毒池，进行消毒杀菌。

5.5.2 UASB 工艺开车操作

UASB 工艺开车操作步骤如下。

（1）开工前的准备工作及全面大检查　开工前全面大检查，确保设备处于良好的备用状态。

（2）格栅和平流沉砂池（图 5.25）

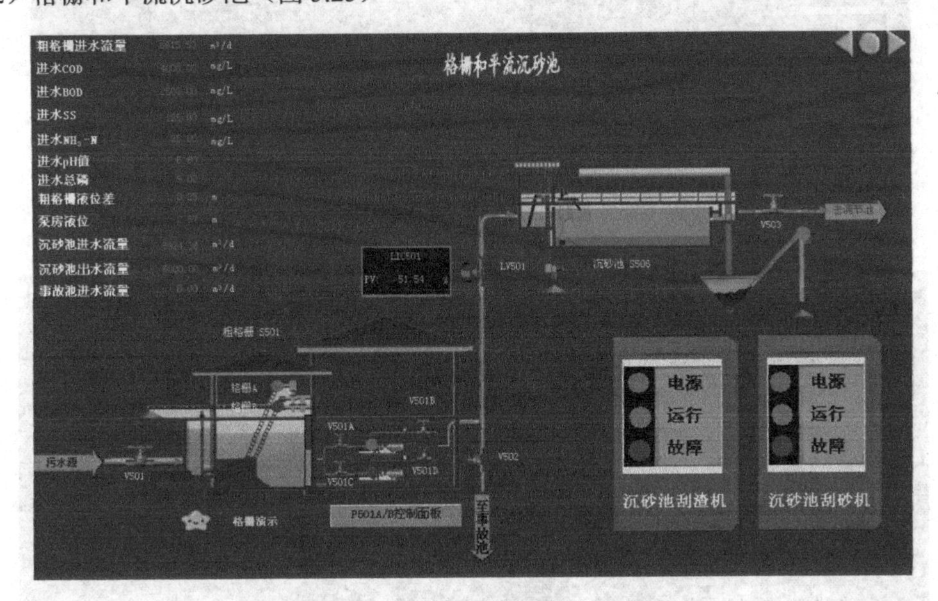

图 5.25　格栅和平流沉砂池流程图

S01 打开粗格栅入口现场阀。

S02 启动粗格栅。

S03 启动潜水泵。

S04 开潜水泵后止回阀。

S05 打开平流沉砂池刮渣机电源，启动刮渣机。

S06 开平流沉砂池出口闸阀。

（3）初沉池（图 5.26）

S01 打开初沉池刮泥机电源，启动刮泥机。

S02 打开初沉池出口排水闸阀。

S03 当初沉池中污泥积累到一定高度时，打开初沉池出口排泥闸阀，排泥入浓缩池。

（4）调节池（图 5.27）　用于调节水量和水质。

（5）UASB 反应器

S01 污水流入 UASB 反应器。

S02 进入三相分离器将气、固、液三相进行分离。

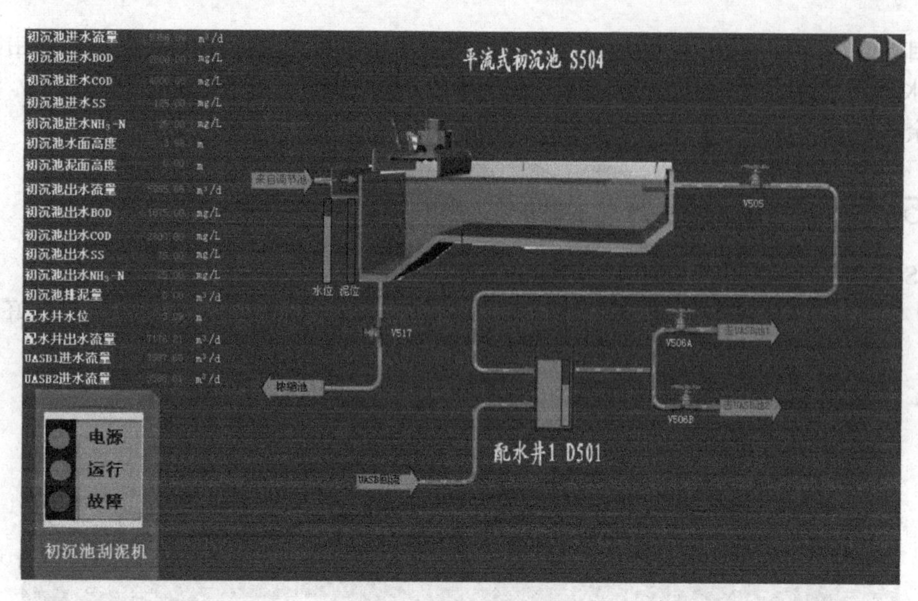

图 5.26　初沉池流程图

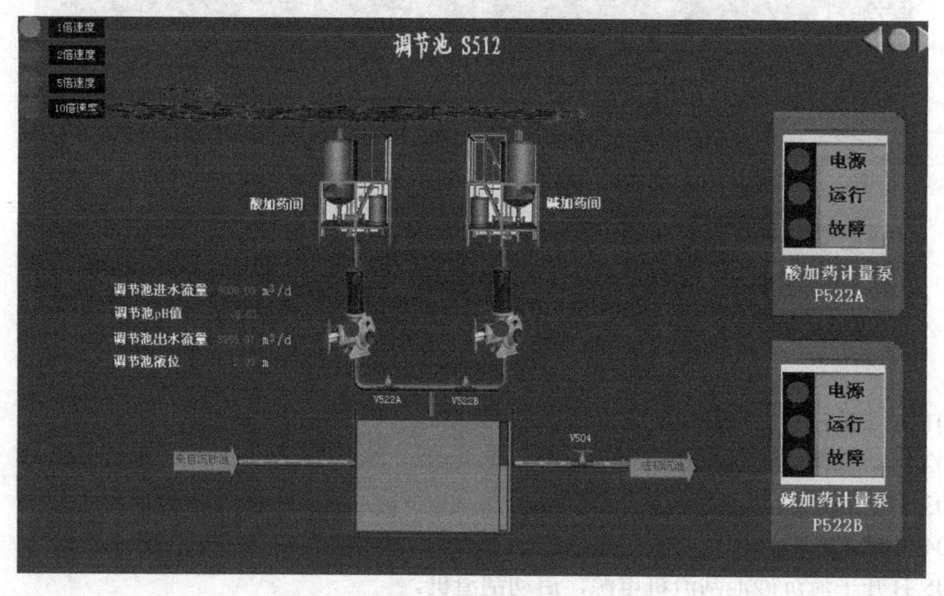

图 5.27　调节池流程图

（6）SBR 池（图 5.28）

S01 原污水流入间歇式曝气池。

S02 按时间顺序依次进行进水→反应→沉淀→出水→待机（闲置）等五个基本过程，周而复始反复进行。

（7）浓缩池（图 5.29）

S01 启动浓缩池刮泥机。

S02 开浓缩池后提升泵前阀。

S03 启动浓缩池后提升泵。

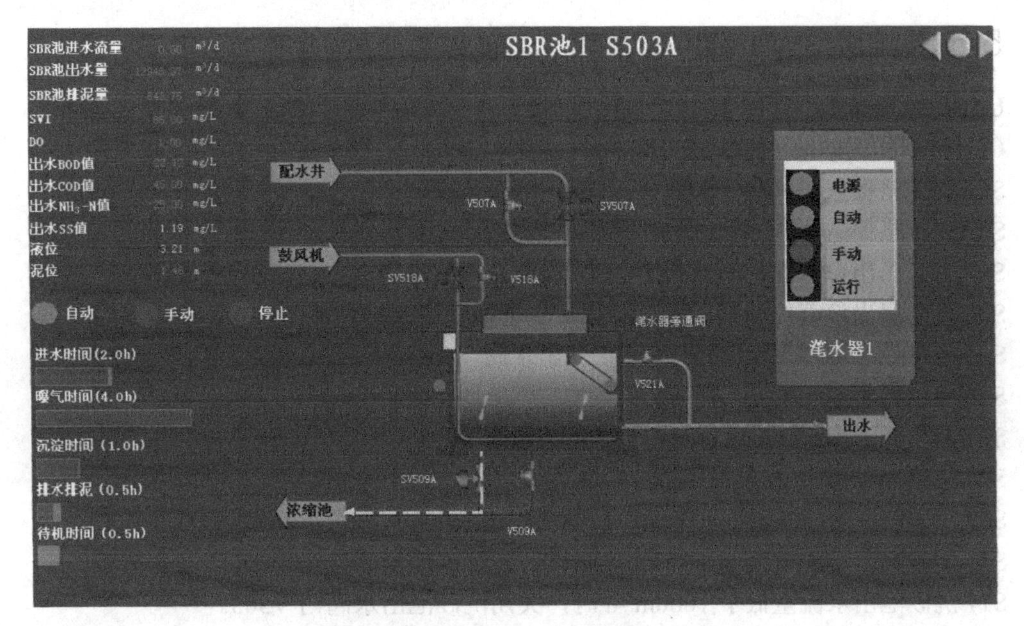

图 5.28 SBR 池流程图

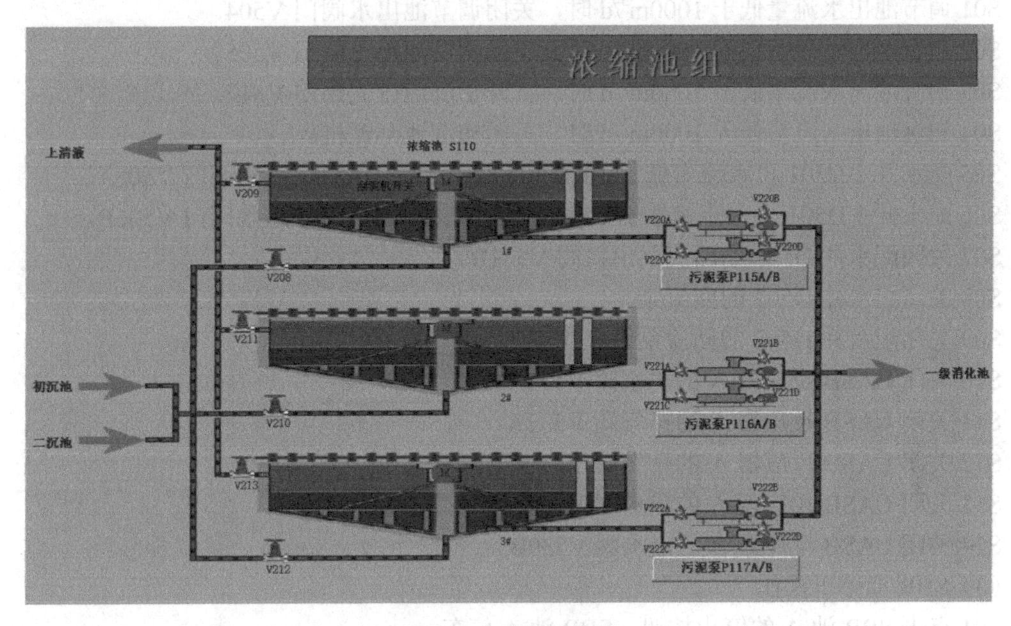

图 5.29 浓缩池界面

S04 开浓缩池后提升泵后截止阀，输送污泥入脱水机房。

S05 开浓缩池后闸阀，排水入粗格栅。

（8）脱水机房

S01 启动脱水机房加药计量泵。

S02 启动脱水机房离心脱水机。

S03 开脱水机房后闸阀，排水入粗格栅。

5.5.3 UASB 工艺停车操作

UASB 停车操作步骤如下。

（1）格栅和沉砂池停车操作

S01 关闭格栅入口阀门 V501。

S02 关闭格栅 A。

S03 将泵房出口液位控制器设置为手动状态。

S04 将泵房出口液位控制器开度开大，保证格栅中水持续流通。

S05 液位低于 10% 时，关闭提升泵 A 出水阀 V501B。

S06 液位低于 10% 时，关闭提升泵 A。

S07 液位低于 10% 时，关闭提升泵 A 进水阀 V501A。

S08 液位低于 10% 时，关闭液位控制器。

S09 沉砂池出水流量低于 $1000m^3/d$ 时，关闭沉砂池刮渣机。

S10 沉砂池出水流量低于 $1000m^3/d$ 时，关闭沉砂池刮砂机。

S11 沉砂池出水流量低于 $1000m^3/d$ 时，关闭沉砂池出水阀门 V503。

（2）调节池、初沉池和 UASB 反应池停车操作

S01 调节池出水流量低于 $1000m^3/d$ 时，关闭调节池出水阀门 V504。

S02 初沉池出水流量低于 $1000m^3/d$ 时，关闭初沉池出水阀门 V505。

S03 初沉池出水流量低于 $1000m^3/d$ 时，打开初沉池排泥阀门 V517。

S04 初沉池出水流量低于 $1000m^3/d$ 时，关闭初沉池刮泥机。

S05 配水井 1 D501 出水流量低于 $1000m^3/d$ 时，关闭 UASB1 进水阀门 V506A。

S06 配水井 1 D501 出水流量低于 $1000m^3/d$ 时，关闭 UASB2 进水阀门 V506B。

S07 关闭配水井 D502 的回流泵出口阀 V531B。

S08 关闭配水井 D502 的回流泵。

S09 关闭配水井 D502 的回流泵进水阀 V531A。

S10 关闭 UASB 反应器 A 的出水阀 V530A。

S11 关闭 UASB 反应器 A 的排气阀 V532A。

S12 关闭 UASB 反应器 A 的排气阀 V532C。

S13 关闭 UASB 反应器 A 的出水阀 V530A。

S14 关闭 UASB 反应器 B 的出水阀 V530B。

（3）SBR 池停车操作

S01 点击 SBR 池 A 的停止按钮，SBR 池 A 停车。

S02 SBR 池 A 的滗水器停止运行。

S03 点击 SBR 池 B 的停止按钮，SBR 池 B 停车。

S04 SBR 池 B 的滗水器停止运行。

S05 点击 SBR 池 C 的停止按钮，SBR 池 C 停车。

S06 SBR 池 C 的滗水器停止运行。

S07 点击 SBR 池 D 的停止按钮，SBR 池 D 停车。

S08 SBR 池 D 的滗水器停止运行。

5.6 RO 污水处理工艺运营

任务目标

5.8 预处理开车操作

（1）知识目标

① 理解 RO 单元工艺的原理。

② 理解 RO 单元工艺构筑物的类型、构造及工作过程等。

（2）能力目标

能够进行 RO 单元工艺的开车、停车操作。

任务综述

（1）技能任务

① 掌握开车基本操作、维护巡视。

② 掌握停车基本操作、安全事项。

（2）探索任务

探索 RO 单元工艺存在的问题。

情境导入

某处理厂污水处理量为 6000m³/d，污水进水水质见表 5.27，要求处理后出水水质达到《城镇污水处理厂污染物排放标准》(GB 18918—2002) 二级标准，水质指标标准值见表 5.28。

表 5.27　污水进水水质

水质指标	COD/（mg/L）	BOD_5/（mg/L）	SS/（mg/L）	氨氮（以 N 计）/（mg/L）	动植物油 /（mg/L）	pH
进水	300 ～ 500	100 ～ 150	500 ～ 1200	25	9	6.2 ～ 6.7

表 5.28　水质指标最高允许排放浓度

水质指标	COD/（mg/L）	BOD_5/（mg/L）	SS/（mg/L）	氨氮（以 N 计）/（mg/L）	动植物油 /（mg/L）	pH
标准值	100	30	30	25（30）①	5	6~9

①括号外数值为水温＞ 12℃时的控制指标，括号内数值为水温≤ 12℃时的控制指标。

工艺运行参数如表 5.29 所示，工艺主要设备名称及作用如表 5.30 所示，主要显示仪表名称及主要指标数据如表 5.31 所示，主要泵类设备名称及作用如表 5.32 所示。

表 5.29　工艺构筑物水质参数

水质参数	BOD/（mg/L）	COD/（mg/L）	SS/（mg/L）	NH_3-N/（mg/L）	P/（mg/L）	pH
源污水	160	400	125	28	5	6 ～ 9
初沉池出水	120	280	75	25	5	6 ～ 9
生化池出水	14.4	39	75	3.75	1	6 ～ 9
二沉池出水	14.4	39	12	3.75	1	6 ～ 9
达标水水质要求	20	60	20	8（15）	1	6 ～ 9

表 5.30　主要设备一览表

位号	名称	说明
S601	原水箱	储存原水
S602	砂滤塔	截留水中的泥沙、杂质、悬浮物、重金属离子、小分子有机物、细菌、降低原水的 SDI（污染指数密度）值等
S603	炭滤塔	活性炭过滤器具有双重作用，一是吸附，二是过滤。可滤除水中的有机物、重金属、色度、异味、余氯等
S604	软化器	去除原水的钙、镁等结垢离子，去除原水的硬度
S608	精密过滤器	除去大于 5μm 的污染物颗粒
S610	反渗透组件	脱盐，能同时除去水中有机物（如三卤甲烷中间体、胶体、悬浮物、微生物、细菌、藻类、霉类等）、热源物质、病毒等
S611	反渗透组件	脱盐，能同时除去水中有机物（如三卤甲烷中间体、胶体、悬浮物、微生物、细菌、藻类、霉类等）、热源物质、病毒等
S612	反渗透组件	脱盐，能同时除去水中有机物（如三卤甲烷中间体、胶体、悬浮物、微生物、细菌、藻类、霉类等）、热源物质、病毒等
S613	反渗透组件	脱盐，能同时除去水中有机物（如三卤甲烷中间体、胶体、悬浮物、微生物、细菌、藻类、霉类等）、热源物质、病毒等
S614	净水水箱	储存净水

表 5.31　主要显示仪表及指标一览表

位号	名称	说明
FI601	原水来源流量计	正常值 9000m³/h
FI603	原水泵出水流量计	正常值 9000m³/h
FI606	砂滤塔进水流量计	正常值 9000m³/h
FI607	砂滤塔反冲洗流量计	正常值 9000m³/h
FI613	砂滤塔出水流量计	正常值 9000m³/h
FI615	炭滤塔进水流量计	正常值 9000m³/h
FI616	炭滤塔反冲洗流量计	正常值 9000m³/h
FI617	炭滤塔反冲洗出水流量计	正常值 9000m³/h
FI618	软化器进水流量计	正常值 9000m³/h
FI619	软化器反冲洗流量计	正常值 9000m³/h
FI624	软化器反冲洗出水流量计	正常值 9000m³/h
FI626	软化器排空流量计	正常值 9000m³/h
FI627	精密过滤器进水流量计	正常值 9000m³/h
FI635	精密过滤器出水流量计	正常值 9000m³/h
FI636	精密过滤器排空流量计	正常值 9000m³/h
FI639	反渗透设备 S610 进口流量计	正常值 3000m³/h
FI640	反渗透设备 S611 进口流量计	正常值 3000m³/h
FI641	反渗透设备 S612 进口流量计	正常值 3000m³/h
FI642	反渗透设备 S610 浓水出水流量计	正常值 1500m³/h

续表

位号	名称	说明
FI643	反渗透设备 S610 净水出水流量计	正常值 1500m³/h
FI644	反渗透设备 S611 浓水出水流量计	正常值 1500m³/h
FI645	反渗透设备 S611 净水出水流量计	正常值 1500m³/h
FI646	反渗透设备 S612 浓水出水流量计	正常值 1500m³/h
FI647	反渗透设备 S612 净水出水流量计	正常值 1500m³/h
FI650	反渗透设备 S613 浓水出水流量计	正常值 3000m³/h
FI651	反渗透设备 S613 净水出水流量计	正常值 1500m³/h
FI652	反渗透设备 S613 浓水回流流量计	间歇操作
FI653	反渗透设备 S613 浓水排放流量计	正常值 3000m³/h
FI658	RO 系统药液回流流量计	间歇操作
FI655	净水水箱出水流量计	正常值 6000m³/h
FI656	净水水箱排空流量计	间歇操作
FI629	净水取样流量计	间歇操作
AI6103	原水进水温度计	正常值 25℃
AI6104	进水压力表	正常值 0.1MPa
AI6604	高压泵入口压力表	正常值 0.1MPa
AI611	RO 系统入口压力表	正常值 1.4MPa

表 5.32　主要泵类设备一览表

位号	名称	说明
P601	原水泵	为经过滤器的原水提供压力
P602	原水泵（备用）	为经过滤器的原水提供压力
P603	软化器加药泵	向软化器中加入 NaCl 或 $NaHSO_3$
P604	软化器加药泵（备用）	向软化器中加入 NaCl 或 $NaHSO_3$
P605	RO 系统加药泵	为 RO 系统加入药液
P606	RO 系统加药泵（备用）	为 RO 系统加入药液
P607	高压泵	为液体升压
P608	高压泵（备用）	为液体升压

5.6.1　RO 工艺简介

反渗透处理工艺简称 RO 工艺，包括废水的预处理工艺、膜分离工艺、膜清洗工艺。工艺总貌图见图 5.30。

（1）预处理工艺

① 根据反渗透膜允许的使用温度和 pH 值范围，调整和控制 pH 值及进水温度；

② 采用混凝沉淀和精密过滤相结合的工艺，去除水中 0.3 ～ 1.0μm 以上的悬浮固体及胶体，用 5 ～ 25μm 的过滤介质，去除水中悬浮固体；

③ 采用氯或次氯酸钠氧化可有效去除可溶性、胶体状和悬浮性有机物，也可根据有机物种类采用活性炭去除；

④ 在反渗透分离过程中，可溶性有机物同时被浓缩。当可溶性无机物的浓度超出了它们的溶解度范围后，就会在水中沉淀并被截留在膜表面形成污垢，因此要控制水的回收率，

同时可将进水 pH 值调整在 5 ～ 6，以控制水中碳酸钙及磷酸钙的形成，亦可采用石灰法去除水中的钙盐，可借助投加六偏磷酸钠防止硫酸钙沉淀；

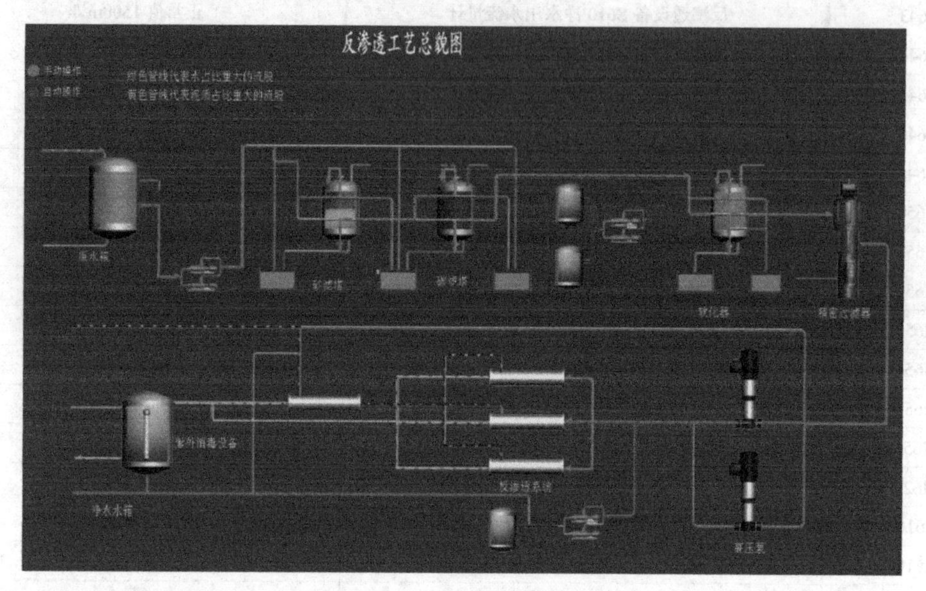

图 5.30　反渗透工艺流程图

⑤ 细菌、藻类、微生物易使膜表面产生污垢，可采用消毒法抑制其生长；

⑥ 超滤也可作为反渗透的预处理法以去除水中的油、胶体、微生物等物质。

（2）膜分离工艺　在膜分离工艺中可采用组件的多种组合方式以满足不同水处理对象对溶液分离技术的要求。组件的组合方式有一级和多级（一般为二级）。在各个级别中又分为一段和多段。一级是指一次加压的膜分离过程，多级是指进料必须经过多次加压的膜分离过程。

（3）膜清洗工艺　当反渗透膜被污染后，会造成透水量降低及进水侧与浓盐水侧的压降增加。当达到下列条件之一时，就应对 RO 设备进行清洗：a. 透水量下降 10%；b. 出水中盐浓度增加 10%；c. 进水侧与浓盐水侧的压力差增加 15%（与参考值相比，参考值是指开始运行的 24 ～ 48 h 内的压降值）。

膜的清洗工艺分为物理法和化学法两大类。物理法又可分为水力清洗、水气混合冲洗、逆流清洗及海绵球清洗。水力清洗主要采用减压后高速的水力冲洗以去除膜表面污染物。化学清洗是采用清洗溶液对膜表面进行清洗的方法。去除膜面的氢氧化铁污染多采用 1% ～ 2% 的柠檬酸铵水溶液。柠檬酸钠水溶液用盐酸将 pH 值调至 4 ～ 5，用于去除无机沉垢。高浓度盐水常被用于胶体污染体系。加酶洗剂对蛋白质、多糖类及胶体污染物有较好的清洗效果。

反渗透装置的保养很重要。当反渗透装置停运 4h 以上，应当先低压运行几分钟，将反渗透的浓水置换。当设备停运时间超过 48h，需要对反渗透膜进行保养，防止因细菌等微生物的生长对膜造成破坏。通常采取的保养液有亚硫酸氢钠或甲醛溶液。当停运时间低于 5d，取亚硫酸钠的质量分数为 0.5% 即可，直接在运行中由加药泵加入，当 RO 完成“运行后冲洗”步骤后关闭所有进、出水阀门；若停运时间高于 5d，则应在清洗箱中配药，亚硫酸钠的质量分数为2% ～ 3%。配好后利用清洗泵将药液慢慢循环注满RO容器内，然后关闭所有进、出水阀门。

本系统采用“预处理+单级反渗透”水处理工艺，该方案设计合理、运行稳定、产水的品质满足要求，并已在多项类似工程中得到应用及检验。本工艺设备具有安装方便、使用方便、操作方便、维护方便；运行稳定、节能、环保、自动化程度高、经济实用等特点。

反渗透系统界面见图 5.31。

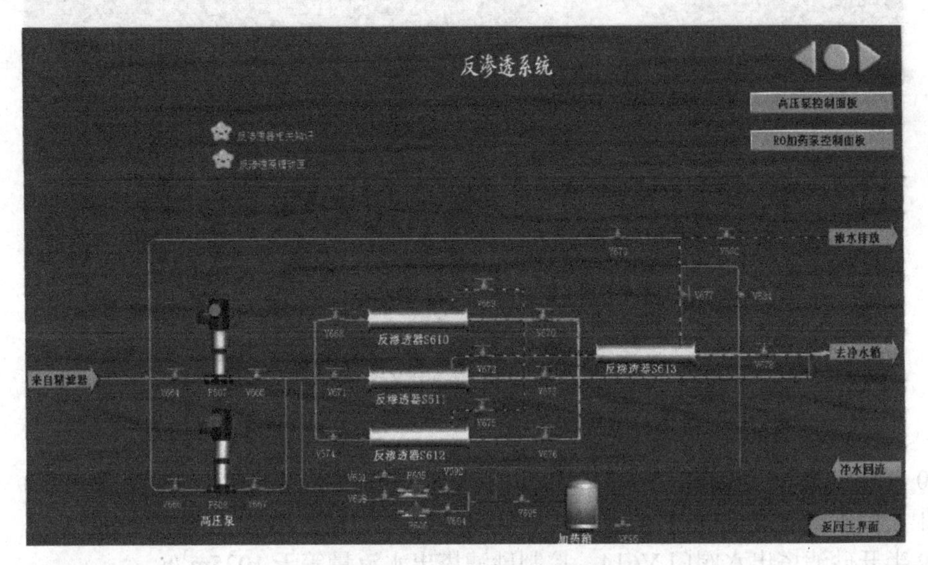

图 5.31　反渗透系统界面

经过预处理单元处理后的原水，经过精滤器进一步滤除水中大于 5μm 的微粒，然后进入高压泵，经高压泵增压后进入逆渗透膜组件，由于 RO 膜的选择透过性能，水在高压下可以透过 RO 膜进入淡水侧，而各种盐分则随高压水流冲出，使水一分为二，从而达到盐与水分离的目的。反渗透装置能同时除去水中有机物（如三卤甲烷中间体、胶体、悬浮物、微生物、藻类等）、热源物质等，生产出纯净水进入纯水箱。根据具体情况，膜过滤分一级或二级反渗透处理，本套水处理系统为一级反渗透。经 RO 设备脱盐的纯水进入纯水箱存储。

5.6.2　RO 工艺开车操作

反渗透工艺开车操作步骤如下。

（1）预处理系统的启动

S01 打开原水进水阀门 V601（图 5.32），控制原水箱进水流量等于 1025m³/h。

S02 全开砂滤塔排水阀门 V615。

S03 全开砂滤塔的进水阀门 V611。

S04 全开砂滤塔的进水阀门 V609。

S05 全开原水泵 P601 前阀 V605。

S06 点击原水泵控制面板，点击原水泵 P601 电源按钮。

S07 点击原水泵 P601 运行按钮，启动原水泵。

S08 打开原水泵 P601 的后阀 V606，控制原水箱出水流量为 1025m³/h。

S09 全开炭滤塔进水阀门 V620。

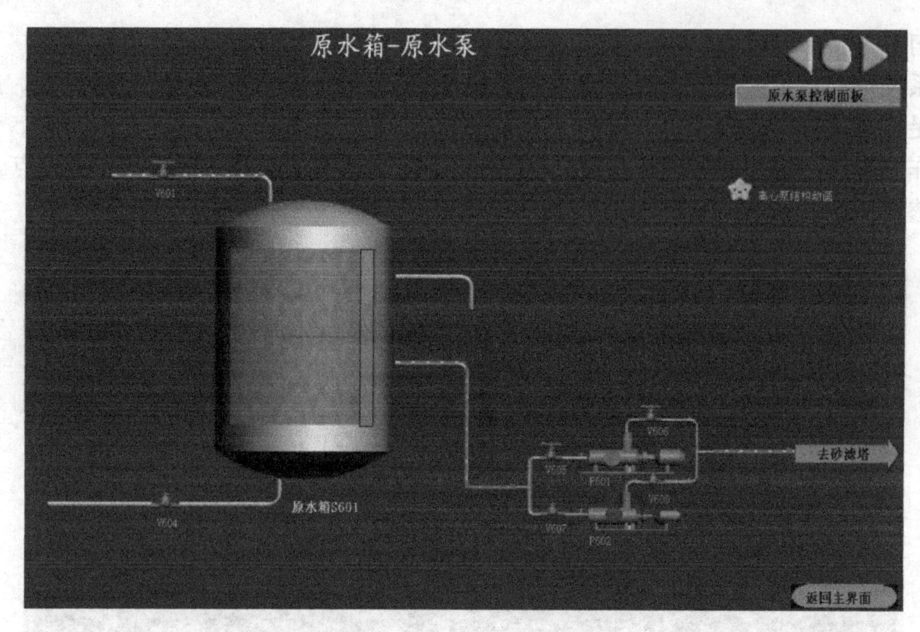

图 5.32　原水箱 - 原水泵流程图

S10 全开炭滤塔排水阀门 V625。

S11 关闭砂滤塔排水阀门 V615。

S12 半开砂滤塔出水阀门 V614，控制砂滤塔出水流量等于 1025m^3/h。

S13 全开软化器进水阀门 V627。

S14 全开软化器排水阀门 V632。

S15 关闭炭滤塔排水阀门 V625。

S16 半开炭滤塔出水阀门 V623，控制炭滤塔出水流量等于 1025m^3/h。

S17 全开精密过滤器进水阀门 V661。

S18 半开精密过滤器排水阀门 V647。

S19 关闭软化器排水阀门 V632。

S20 半开软化器出水阀门 V630，控制软化器出水流量等于 1025m^3/h。

（2）砂滤塔 - 炭滤塔冲洗过程（图 5.33）

① 砂滤塔反冲洗过程。

S01 点击手动按钮，使系统从自动切换为手动。

S02 打开原水进水阀门 V601，控制原水箱进水流量为 9000m^3/h。

S03 半开砂滤塔反排阀 V612。

S04 全开砂滤塔的反进阀 V613。

S05 全开砂滤塔进水阀门 V609。

S06 全开原水泵 P601 前阀 V605。

S07 点击原水泵控制面板，点击原水泵 P601 电源按钮。

S08 点击原水泵 P601 运行按钮，启动原水泵。

S09 半开原水泵 P601 后阀 V606。

S10 控制砂滤塔反冲洗流量为 9000m^3/h。

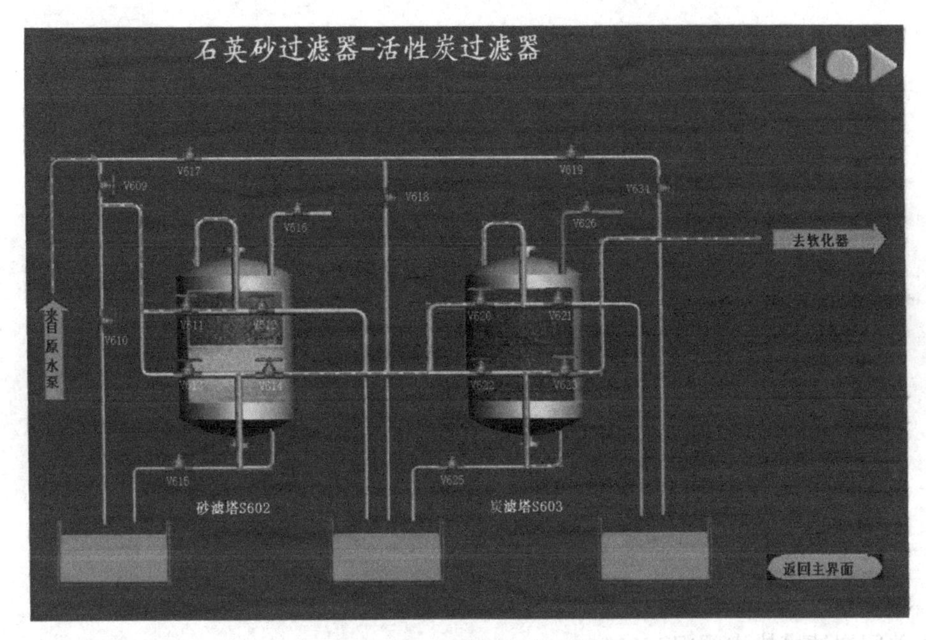

图 5.33　砂滤塔 - 炭滤塔

② 砂滤塔正冲洗过程。

S01 砂滤塔反冲洗 10min 后，全开砂滤塔排水阀门 V615。

S02 全开砂滤塔的进水阀门 V611。

S03 关闭砂滤塔反进阀 V613。

S04 关闭砂滤塔反排阀 V612。

S05 控制砂滤塔正冲洗流量为 9000m^3/h。

③ 炭滤塔反冲洗过程。

S01 运行 10min 后，半开炭滤塔反排阀 V621。

S02 全开炭滤塔的反进阀 V622。

S03 半开砂滤塔出水阀门 V614。

S04 关闭砂滤塔排水阀门 V615。

S05 控制炭滤塔反冲洗流量为 9000m^3/h。

④ 炭滤塔正冲洗过程。

S01 炭滤塔反冲洗运行 20min 后，全开炭滤塔排水阀 V625。

S02 全开炭滤塔进水阀门 V620。

S03 关闭炭滤塔反进阀 V622。

S04 关闭炭滤塔反排阀 V621。

S05 控制炭滤塔正冲洗流量为 9000m^3/h。

（3）软化器 - 精滤器冲洗过程（图 5.34）

① 软化器反冲洗过程。

S01 运行 20min 后，半开软化器反排阀 V628。

S02 全开软化器反进阀 V629。

S03 半开炭滤塔出水阀门 V623。

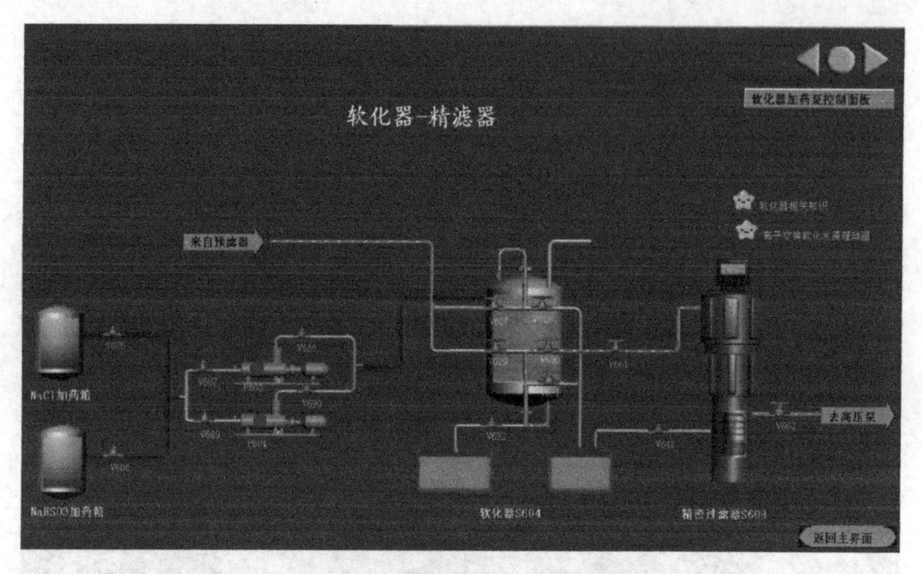

图 5.34　软化器 - 精滤器流程图

S04 关闭炭滤塔排水阀门 V625。

S05 控制软化器反冲洗流量为 9000m^3/h。

② 软化器正冲洗过程。

S01 软化器运行 20min 后，全开软化器排水阀门 V632。

S02 全开软化器的进水阀门 V627。

S03 关闭软化器的反进阀 V629。

S04 关闭软化器的反排阀 V628。

S05 控制软化器正冲洗流量为 9000m^3/h。

③ 精滤器冲洗过程。

S01 运行 20min 后，半开精密过滤器排水阀门 V647。

S02 全开精密过滤器进水阀门 V661。

S03 关闭软化器排水阀门 V632。

S04 半开软化器出水阀门 V630，精密过滤器运行 10min 后，冲洗结束。

5.6.3　RO 工艺停车操作

反渗透工艺停车操作步骤如下。

S01 全开反渗透器 S610 浓水出水阀门 V669。

S02 全开反渗透器 S611 浓水出水阀门 V672。

S03 全开反渗透器 S611 浓水出水阀门 V675。

S04 RO 系统进水压力降至 0.5MPa 左右。

S05 待 RO 系统进水压力降至 0.5MPa 左右，点击高压泵 P607 运行按钮，停运高压泵。

S06 全开精密过滤器排水阀 V647。

S07 点击原水泵 P601 运行按钮，停运原水泵。

S08 进入原水箱仿真界面，关闭原水箱进水阀门 V601。

S09 待所有管路流量为零时，关闭精滤器排水阀 V647。

S10 关闭砂滤塔进水阀 V611。
S11 关闭砂滤塔出水阀 V614。
S12 关闭炭滤塔进水阀 V620。
S13 关闭炭滤塔出水阀 V623。
S14 关闭软化器进水阀 V627。
S15 关闭软化器出水阀 V630。
S16 关闭 RO 进水总阀 V662。
S17 关闭 RO 设备 S610 净水出水阀 V670。
S18 关闭 RO 设备 S611 净水出水阀 V673。
S19 关闭 RO 设备 S612 净水出水阀 V676。
S20 关闭 RO 设备 S613 净水出水阀 V678。
S21 全开 RO 加药箱出水阀 V695。
S22 全开加药泵 P605 前阀 V692。
S23 进入 RO 加药泵控制面板，启动加药泵 P605。
S24 全开加药泵 P605 后阀 V691。
S25 打开药液回水阀 V684，所有浓水出水阀处于开启状态。

5.7 AB 污水处理工艺运营

任务目标

(1) 知识目标

① 理解 AB 单元工艺的原理。

② 理解 AB 单元工艺构筑物的类型、构造及工作过程等。

(2) 能力目标

能够进行 AB 单元工艺的开车、停车操作。

5.9 AB 启动操作

任务综述

(1) 技能任务

① 掌握开车基本操作、维护巡视。

② 掌握停车基本操作、安全事项。

(2) 探索任务

探索 AB 单元工艺存在的问题。

情境导入

某污水处理厂构筑物有 A 段曝气池、中间沉淀池、B 段曝气池和二沉池。不设初沉池，省去二沉池，以 A 段为一级处理系统。A 段和 B 段拥有各自独立的污泥回流系统，因此有各自独特的微生物种群，有利于系统功能的稳定。采用活性污泥法二级处理工艺：一级处理包括格栅及提升泵房、沉砂池；二级处理采用AB工艺活性污泥法。

该处理厂污水处理量为$2\times10^4 m^3/d$，污水进水水质见表5.33，要求处理后出水水质达到《城镇污水处理厂污染物排放标准》（GB 18918—2002）一级标准的B标准，水质指标标准值见表5.34。

表5.33　污水进水水质

水质指标	COD/（mg/L）	BOD_5/（mg/L）	SS/（mg/L）	氨氮（以N计）/（mg/L）	总磷（以P计）/（mg/L）	pH
进水	380	160	280	35	1	6~9

表5.34　水质指标最高允许排放浓度

水质指标	COD/（mg/L）	BOD_5/（mg/L）	SS/（mg/L）	氨氮（以N计）/（mg/L）	总磷（以P计）/（mg/L）	pH
标准值	60	20	20	8（15）①	1	6～9

①括号外数值为水温＞12℃时的控制指标，括号内数值为水温≤12℃时的控制指标。

生化池运行参数如下。

①A段：污泥负荷3kg/kg·d，污泥浓度2000mg/L，停留时间40min，溶解氧量1.5 mg/L以下，污泥回流比R_A=0.5；污水中BOD的去除率达50%。

②B段：污泥负荷0.2kg/kg·d，污泥浓度3000mg/L，停留时间3h，污泥龄20d，溶解氧量2~3mg/L，污泥回流比R_B=1.0；污水中BOD去除率达88%，COD去除率达85%。

工艺主要构筑物水质参数见表5.35，主要设备名称及作用见表5.36，主要显示仪表名称及指标数据见表5.37，主要泵类设备名称及作用见表5.38。

表5.35　主要构筑物水质参数

水质参数	BOD/（mg/L）	COD/（mg/L）	SS/（mg/L）	NH_3-N/（mg/L）	P/（mg/L）	pH
源污水	160	400	125	28	5	6～9
初沉池出水	120	280	75	25	5	6～9
生化池出水	14.4	39	75	3.75	1	6～9
二沉池出水	14.4	39	12	3.75	1	6～9
达标水水质要求	20	60	20	8（15）	1	6～9

表5.36　主要设备一览表

位号	名称	说明
S701	回转式粗格栅	去除污水中大颗粒杂质
S702	曝气沉砂池	曝气沉砂同时进行
S703	调节池	去除固体悬浮物
S704	A段曝气池	去除污泥有机物
S705	平流式中沉池	沉淀
S706	污泥回流井1	回流活性污泥
S707	B段曝气池	去除污泥有机物
S708	平流式二沉池	沉淀

续表

位号	名称	说明
S709	污泥回流井 2	回流活性污泥
S710	污泥浓缩池	对回流井沉积的污泥进行浓缩
S711	污泥脱水机房	对污泥进行脱水处理

表 5.37　主要显示仪表及指标

位号	名称	说明
FI700	污水来源流量计	正常值 20000m^3/d
FI701	沉砂池入口流量计	正常值 20000m^3/d
FI702	事故池入口流量计	正常值 20000m^3/d
FI703	沉砂池出口流量计（调节池进水流量计）	正常值 20000m^3/d
FI704	调节池出水流量计（A 曝气池入口流量计）	正常值 20000m^3/d
FI705	A 曝气池出口流量计（中沉池入水流量计）	正常值 20000m^3/d
FI706	B 段曝气池入口流量计（中沉池出水流量计）	正常值 20000m^3/d
FI707	B 曝气池出口流量计（二沉池入水流量计）	正常值 20000m^3/d
FI708	二沉池出水流量计	正常值 20000m^3/d
FI709A	中沉池总排泥量计	间歇操作，最大 1000m^3/d
FI709B/C	中沉池回流量 / 排泥量	间歇操作，最大 1000m^3/d
FI710	回流井 1 回流量	间歇操作，最大 1000m^3/d
FI711A	二沉池总排泥量计	间歇操作，最大 200 m^3/d
FI711B/C	二沉池回流量 / 排泥量	间歇操作，最大 200m^3/d
FI712	回流井 2 回流量计	间歇操作，最大 200m^3/d
FI713	浓缩池上清液回流量计	间歇操作，最大 2000m^3/d
FI714	浓缩池排泥流量计	间歇操作，最大 2000m^3/d
FI715	脱水机上清液流量计	间歇操作，最大 10000m^3/d
LI701A	粗格栅液位计	设计最大为 5m，实际最大 3.5m
LI701C	粗格栅液位差	单位为 m
LI704A	调节池液位计	设计最大为 4m，实际最大 4m
LI705A	A 曝气池液位计	设计最大为 4m，实际最大 4m
LI705B	A 曝气池泥位计	设计最大为 4m，实际最大 4m
LI706A/B	中沉池液 / 泥位计	设计最大为 4m，实际最大 4m
LI710A	回流井 1 液位计	设计最大为 4m，实际最大 4m
LI707A/B	A 曝气池液位 / 泥位计	设计最大为 4m，实际最大 4m
LI708A/B	二沉池液 / 泥位计	设计最大为 4m，实际最大 4m
LI712A	回流井 2 液位计	设计最大为 4m，实际最大 4m
LI714A/B	浓缩池液位计	设计最大为 4m，实际最大 4m
PI7601A	沉砂段 1 号鼓风机电压	380V
PI7601B	沉砂段 2 号鼓风机电压	380V
PI7601C	沉砂段 3 号鼓风机电压	380V
II7601A	沉砂段 1 号鼓风机电流	185A
II7601B	沉砂段 2 号鼓风机电流	185A
II7601C	沉砂段 3 号鼓风机电流	185A

续表

位号	名称	说明
PI7701A	A 曝气段 1 号鼓风机电压	380V
PI7701B	A 曝气段 2 号鼓风机电压	380V
PI7701C	A 曝气段 3 号鼓风机电压	380V
II7701A	A 曝气段 1 号鼓风机电流	185A
II7701B	A 曝气段 2 号鼓风机电流	185A
II7701C	A 曝气段 3 号鼓风机电流	185A
PI7801A	B 曝气段 1 号鼓风机电压	380V
PI7801B	B 曝气段 2 号鼓风机电压	380V
PI7801C	B 曝气段 3 号鼓风机电压	380V
II7801A	B 曝气段 1 号鼓风机电流	185A
II7801B	B 曝气段 2 号鼓风机电流	185A
II7801C	B 曝气段 3 号鼓风机电流	185A

表 5.38　主要泵类设备一览表

位号	名称	说明
P700A/B	粗格栅启动泵	粗格栅启动开关
P701A/B	泵房提升泵（两个）	为经粗格栅过滤的污水提供压力，使之进入沉砂池
P714A/B	污泥浓缩池排泥泵	为去脱水机房的污泥提供动力
P710A/B	A 段回流井污泥泵	为 A 段的回流污泥提供动力，使之到 A 段曝气池
P712A/B	B 段回流井污泥泵	为 B 段的回流污泥提供动力，使之到 B 段曝气池

5.7.1 AB 工艺简介

吸附—生物降解工艺，简称 AB 法。A 段以高负荷或超负荷运行（污泥负荷＞3.0kg/kg·d），曝气池停留时间短，为 30 ～ 60min，污泥龄仅为 0.3 ～ 0.5d。A 段对水质、水量、pH 值和有毒物质的冲击负荷有极好的缓冲作用。A 段产生的污泥量较大，约占整个处理系统污泥产量的 80%，且剩余污泥中的有机物含量高。B 段以低负荷运行（污泥负荷一般为 0.15 ～ 0.3kg/kg·d），B 段停留 2 ～ 4h，污泥龄较长，且一般为 15 ～ 20d。该系统以生物絮凝吸附作用为主，同时发生不完全氧化反应，生物主要为短世代的细菌群落，可去除 BOD 50% 以上，B 段与常规活性污泥相似。A、B 两段各自有独立的污泥回流系统，两段的污泥互补相混。

AB 工艺中不设初沉池，污水中的微生物可在 A 段得到充分利用，并连续不断地更新，使 A 段形成一个开放性的、不断由原污水中生物补充的生物动态系统。B 段能够保证出水水质。AB 工艺包括以下优点：①对有机底物去除效率高；②系统运行稳定，主要表现在出水水质波动小，有极强的耐冲击负荷能力，有良好的污泥沉降性能；③有较好的脱氮除磷效果；④节能，运行费用低，耗电量低。AB 法处理胶体状态污染物浓度较高的污水工艺时，在性能价格比上有较好的优势。

AB 工艺流程图见图 5.35。

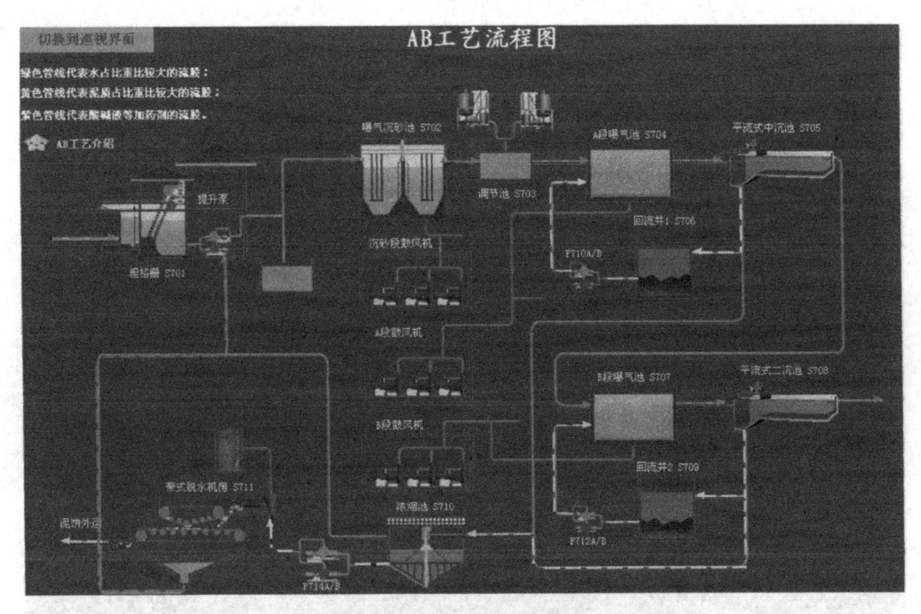

图 5.35　AB 工艺流程图

待处理的污水首先进入粗格栅，粗格栅将污水中大块污物拦截下来，防止堵塞后续单元的机泵和工艺管道。经粗格栅处理的污水进入提升泵房，提升泵将进水提升至后续处理单元所要求的高度，使其实现重力自流，提升泵房出来的流水进入曝气沉砂池。

在沉砂池中，在重力的作用下，部分大颗粒的 SS 从污水中沉淀分离出来，沉砂池出水由重力自流进入调节池。调节池的作用是用于调节水量和水质。调节池出水进入 A 段曝气池。

出水进入中沉池，在中沉池中通过物理沉降，去除 40% 的 SS、25% 的 BOD_5 和 30% 的 COD_{Cr}。中沉池出水进入 B 段曝气池进一步处理。难沉降的悬浮物、胶体物质得到絮凝、吸附、黏结后与可沉降的悬浮物一起沉降，使 A 段的 η_{ss} 达到 60% ～ 80%，比初沉池的 η_{ss} 大幅提高；η_{BOD_5}=40% ～ 70%，使整个 AB 工艺中以非微生物降解的途径去除的 BOD_5 量大大提高。

污泥在浓缩池中进行浓缩，剩余水经重力自流至粗格栅，污泥由提升泵送至脱水机房。来自浓缩池的污泥在脱水机房中进行脱水、稳定处理和最终处置，滤饼外运，剩余水经重力自流至粗格栅入口。

5.7.2　AB 工艺开车操作

（1）开工前的准备工作及全面大检查　开工前全面大检查，确保设备处于良好的备用状态。

（2）粗格栅和提升泵房（图 5.36）

S01 打开粗格栅入口现场阀。

S02 启动粗格栅。

S03 启动潜水泵。

S04 开潜水泵后止回阀。

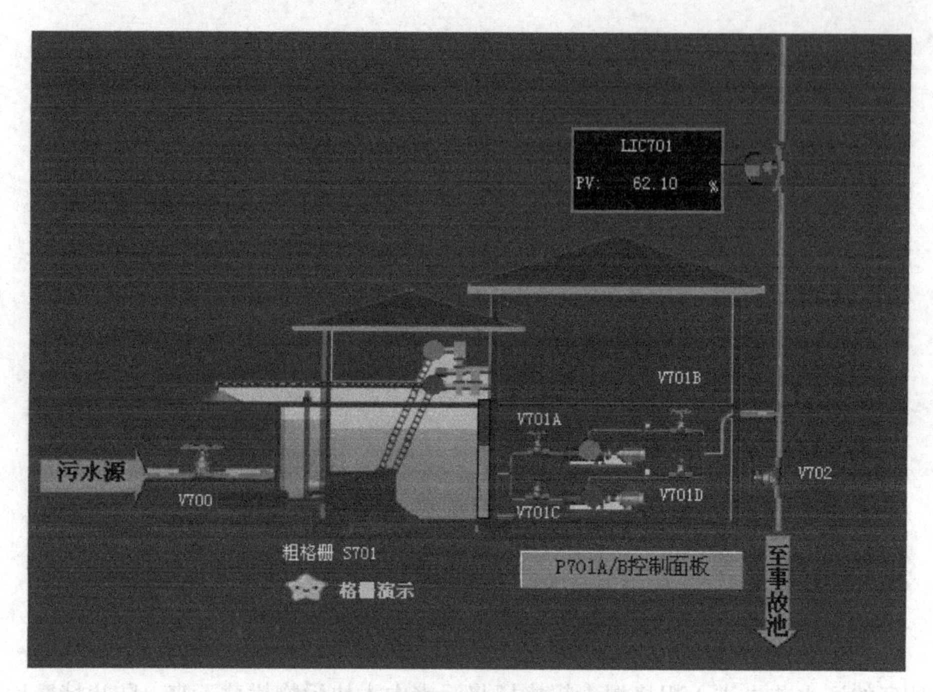

图 5.36 粗格栅和提升泵房流程图

(3) 曝气沉砂池（图 5.37）

S01 打开沉砂池刮渣机电源，启动刮渣机。

S02 开沉砂池出口闸阀。

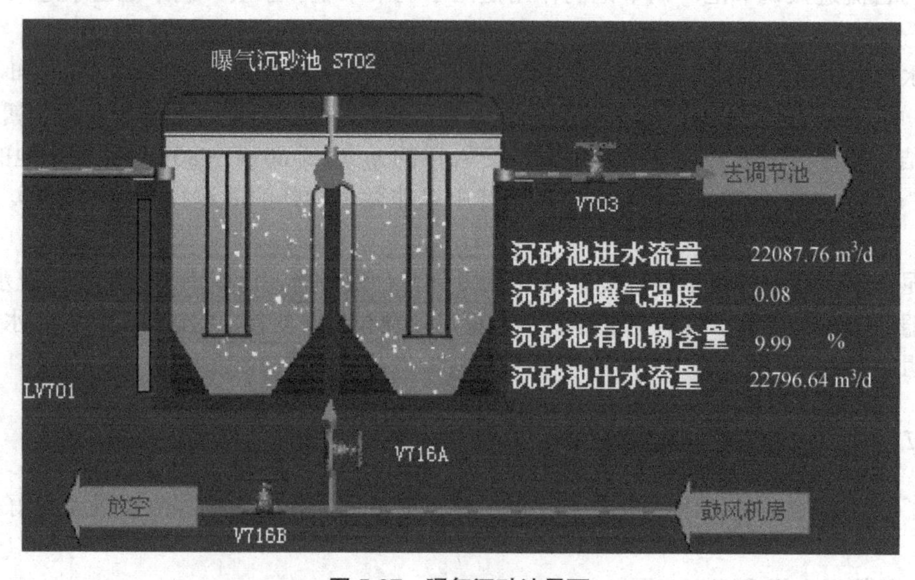

图 5.37 曝气沉砂池界面

(4) 平流式中沉池（图 5.38）

S01 打开中沉池刮泥机电源，启动刮泥机。

S02 开中沉池出口排水闸阀。

S03 当污泥积累到一定高度时，打开中沉池出口排泥闸阀，排泥入浓缩池。

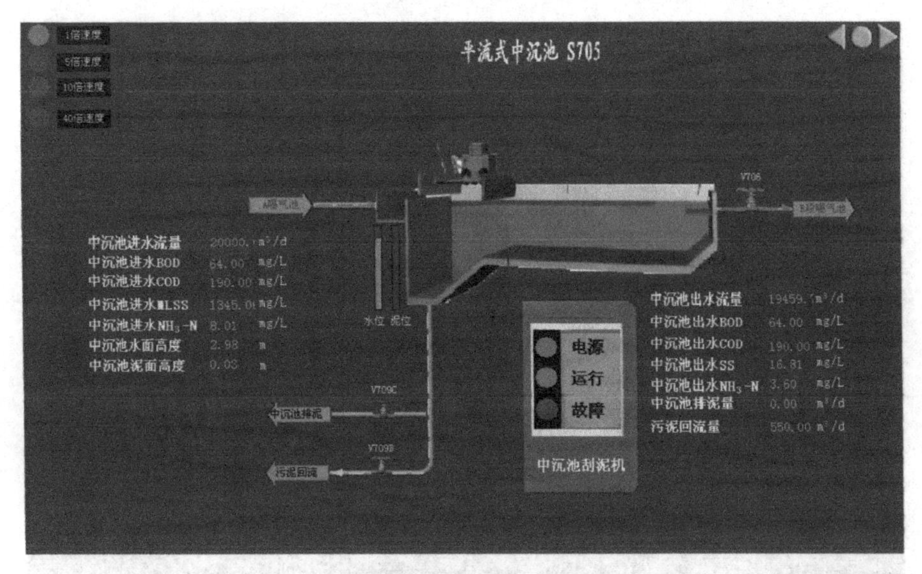

图 5.38　平流式沉砂池界面

（5）调节池（图 5.39）　用于调节水量和水质。

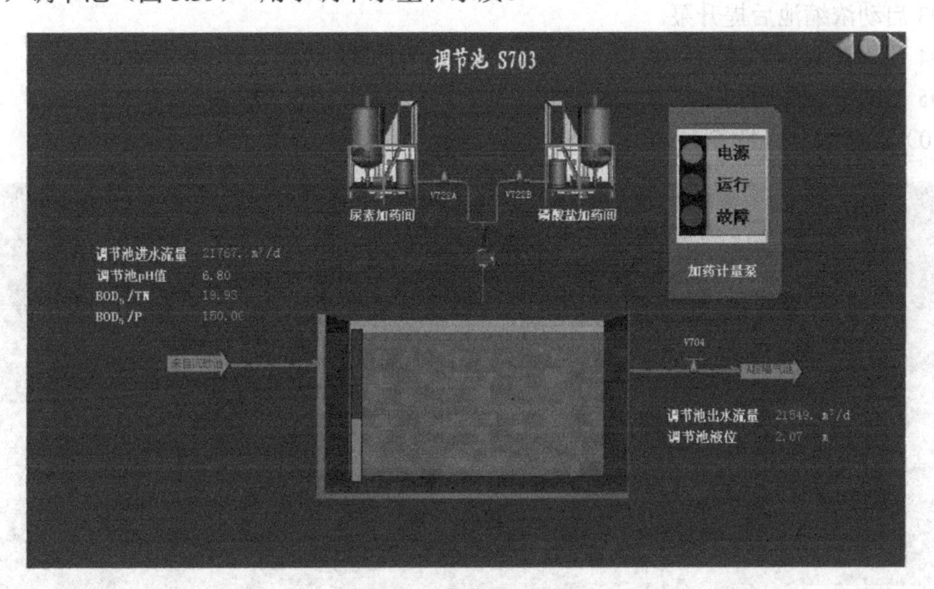

图 5.39　调节池界面

（6）A 曝气池　难沉降的悬浮物、胶体物质得到絮凝、吸附、黏结后与可沉降的悬浮物一起沉降。

（7）B 曝气池　B 级以低负荷运行，与常规活性污泥相似。

（8）平流式二沉池　从曝气池出来的混合液在二沉池进行泥水分离，上清液排放，沉淀下来的污泥一部分回流，剩余污泥则排到浓缩池进行浓缩处理。

（9）浓缩池（图 5.40）

S01 启动浓缩池刮泥机。

S02 开浓缩池后提升泵前阀。

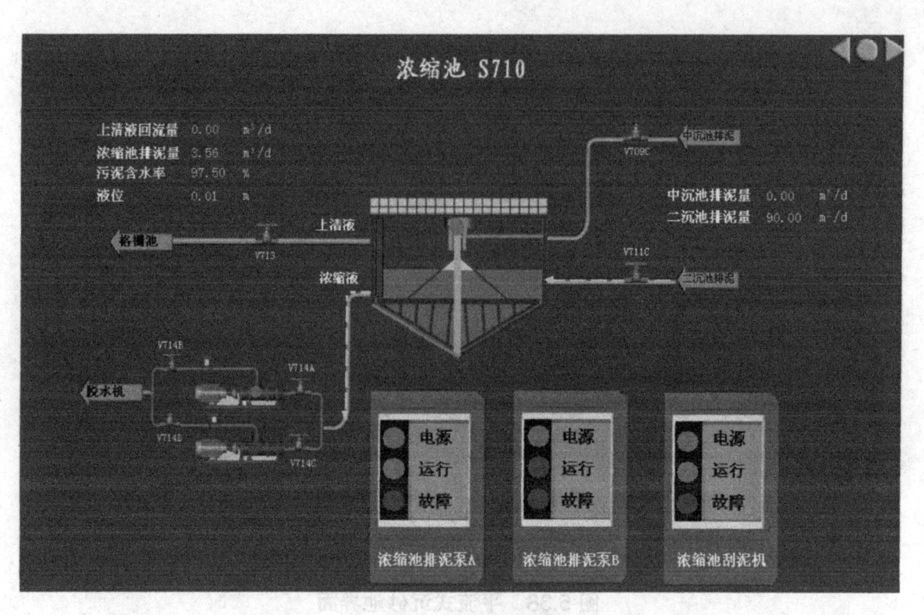

图 5.40　浓缩池界面

S03 启动浓缩池后提升泵。

S04 开浓缩池后提升泵后截止阀，输送污泥入脱水机房。

S05 开浓缩池后闸阀，排水入粗格栅。

（10）脱水机房（图 5.41）

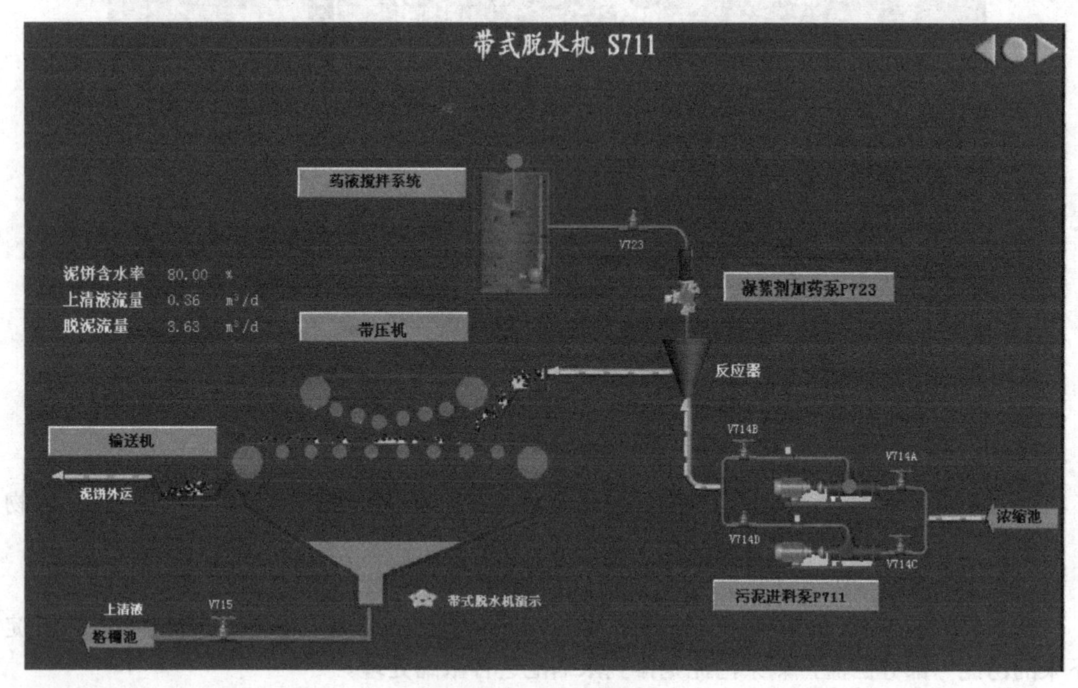

图 5.41　脱水机房界面

S01 启动脱水机房加药计量泵。

S02 启动脱水机房离心脱水机。

S03 开脱水机房后闸阀，排水入粗格栅。

5.7.3 AB 工艺停车操作

AB 工艺停车操作步骤如下。

（1）关闭辅助设备

S01 关闭格栅入口阀门 V700。

S02 将泵房出口液位控制器 LIC701 设置为手动状态。

S03 将泵房出口液位控制器 LIC701 开度开大，保证泵房中剩余污水继续处理完毕。

S04 格栅池液位比较低时，关闭格栅 A。

S05 观察格栅间液位控制器 LIC701 的显示值，低于 10% 时，关闭出口阀 V701B。

S06 观察格栅间液位控制器 LIC701 的显示值，接近 10% 时，关闭提升泵开关。

S07 观察格栅间液位控制器 LIC701 的显示值，接近 10% 时，关闭提升泵前阀。

S08 观察格栅间液位控制器 LIC101 的显示值，接近 10% 时，设置 LIC101 的开度为 0。

S09 观察初沉池进水流量减少到 200m^3/d 左右时，关闭沉砂池出口阀 V703。

S10 关闭曝气沉砂池刮渣机。

S11 关闭曝气沉砂池刮砂机。

S12 观察初沉池进水流量减少到 200m^3/d 左右时，关闭曝气阀 V716A。

S13 关闭曝气沉砂池鼓风机 1 号。

S14 关闭曝气沉砂池鼓风机 2 号。

S15 关闭曝气沉砂池鼓风机 1 号的进气阀门 V7601A。

S16 关闭曝气沉砂池鼓风机 1 号的出气阀门 V7602A。

S17 关闭曝气沉砂池鼓风机 2 号的进气阀门 V7601B。

S18 关闭曝气沉砂池鼓风机 2 号的出气阀门 V7602B。

S19 观察调节池液位值低于 1.5m 时，关闭调节池出水阀门 V704。

（2）A 段曝气池停车

S01 当 A 曝气池液位值低于 1.5m 时，关闭 A 曝气池去中沉池阀门 V705。

S02 当 A 曝气池液位值低于 1.5m 时，关闭中沉池污泥回流阀门 V709B。

S03 当 A 曝气池液位值低于 1.5m 时，关闭回流井 1 回流泵出口阀门 V710B。

S04 当 A 曝气池液位值低于 1.5m 时，关闭回流井 1 回流泵。

S05 当 A 曝气池液位值低于 1.5m 时，关闭回流井 1 回流泵入口阀门 V710A。

S06 当中沉池液位值低于 2.5m 时，关闭中沉池去 B 段曝气池的阀门 V706。

S07 当中沉池液位值低于 2.5m 时，打开中沉池去浓缩池的排泥阀门 V709C。

S08 当中沉池液位值低于 0.5m 时，关闭中沉池去浓缩池的阀门 V709C。

S09 关闭 A 段鼓风机 1 号的出气阀门 V7702A。

S10 关闭 A 段鼓风机 1 号的出气阀门 V7702B。

S11 关闭 A 段曝气池的曝气阀门 V717A。

S12 关闭 A 段曝气池的曝气设备。

（3）B 段曝气池停车

S01 当 B 曝气池液位值低于 1.5m 时，关闭 B 曝气池去中沉池阀门 V707。

S02 当 B 曝气池液位值低于 1.5m 时，关闭二沉池污泥回流阀门 V711B。

S03 当 B 曝气池液位值低于 1.5m 时，关闭回流井 1 回流泵出口阀门 V712B。

S04 当 B 曝气池液位值低于 1.5m 时，关闭回流井 1 回流泵。

S05 当 B 曝气池液位值低于 1.5m 时，关闭回流井 1 回流泵入口阀门 V710A。

S06 当二沉池液位值低于 2.5m 时，关闭二沉池去 B 段曝气池的阀门 V708。

S07 当二沉池液位值低于 2.5m 时，打开二沉池去浓缩池的排泥阀门 V711C。

S08 当二沉池液位值低于 0.5m 时，关闭二沉池去浓缩池的阀门 V711C。

S09 当中沉池液位值低于 0.5m 时，关闭中沉池去浓缩池的阀门 V709C。

S10 关闭 B 段鼓风机 1 号的出气阀门 V7802A。

S11 关闭 B 段鼓风机 1 号的出气阀门 V7802B。

S12 关闭 B 段曝气池的曝气阀门 V718A。

S13 关闭 B 段曝气池的曝气设备。

能力训练题

1. 硝化菌最佳的 pH 值范围是（　　）。

A. 5.5 ~ 6.5　　B. 6.5 ~ 7.5　　C. 7.5 ~ 8.5　　D. 8.5 ~ 9.5

2. 下列不会造成高效池出水浑浊、SS 过高的是（　　）。

A. 矾花个体大，易沉降　　B. 沉淀池排泥不畅

C. 沉淀池泥位过高　　D. 二沉池跑泥

3. 外回流主要目的是补充活性污泥和除磷，一般控制在（　　）。

A. 小于 50%　　B.50% ~ 100%　　C.100% ~ 200%　　D.200% ~ 300%

4. 以下不会造成出水氨氮持续升高的是（　　）。

A. 曝气不足　　B. 污泥解体　　C. 碳源不足　　D.MLSS 过低

5. 下列属于设备运行操作技术规程的内容的是（　　）。

A. 设备用途　　B. 工作原理　　C. 结构和性能　　D. 维护保养

情景6 智能水厂常见事故处理

素质目标

具备处理突发事件、沟通合作、处理问题的能力。

6.1 曝气转刷维护

6.1 曝气刷故障

任务目标

（1）知识目标

① 理解曝气转刷故障的原因。

② 理解曝气转刷的类型、构造及工作过程等。

（2）能力目标

能够进行曝气转刷故障处理操作。

任务综述

（1）技能任务

能够发现故障并处理故障，掌握基本操作和安全事项。

（2）探索任务

探索曝气转刷的其他故障处理方法。

情境导入

某处理厂正常运行期间发生以下故障：

① 转刷控制面板黄灯（故障灯）亮。在转刷1的面板上，电源灯和自动挡灯亮，同时故障灯亮。

② 电流下降。电流值从正常值64A下降到48A。故障转换电流为0。

③ 好氧区（内沟）DO 值下降。内沟 DO 值下降到 1mg/L。

知识链接

曝气转刷示意图见图 6.1。点击控制面板，观察面板上红、黄、绿三种指示灯的情况。工作电压为 380V±5V，工作电流为 16A±0.5A，功率为 6.4kW。

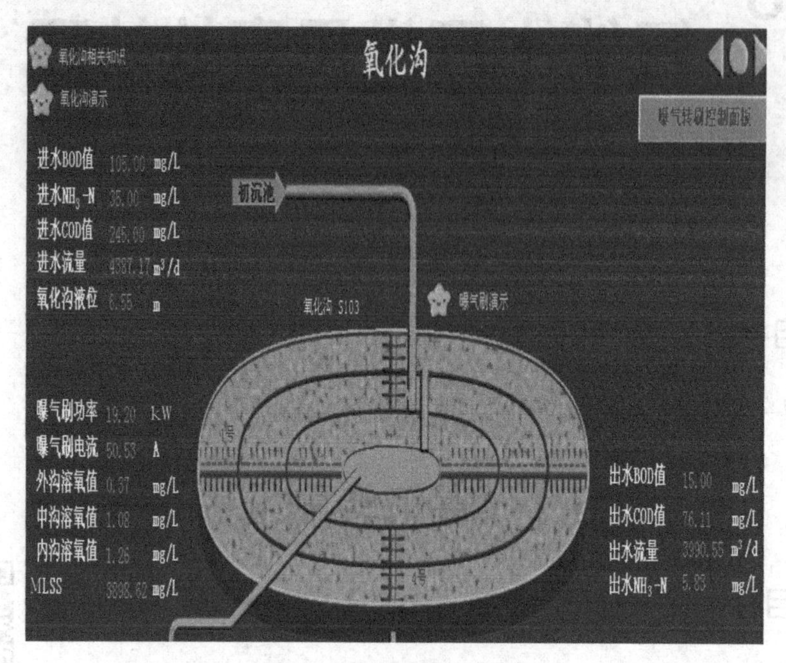

图 6.1　曝气转刷示意图

处理方法

处理方法如下：

① 关闭故障转刷；

② 选择合适速度的启动按钮（高速挡、低速挡）。选择高速挡增大曝气，使氧化沟充氧正常。

6.2　初沉池进水维护

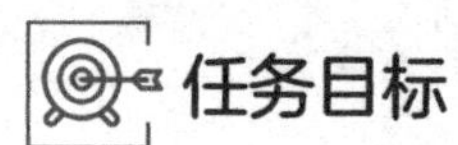

6.2　初沉池排泥撇渣

（1）知识目标

① 理解初沉池进水 SS 升高的原因。

② 理解初沉池的构筑物类型、构造及工作过程等。

（2）能力目标

能够进行初沉池进水 SS 升高的故障处理操作。

任务综述

（1）技能任务

能够发现故障并处理故障，掌握基本操作和安全事项。

（2）探索任务

探索初沉池的其他故障处理。

情境导入

某处理厂正常运行期间发生故障：①初沉池进水 SS 升高至 300mg/mL；②初沉池出水 SS 为 150mg/mL。

知识链接

来自沉砂池的污水进入初沉池，在初沉池中通过物理沉降，去除 40% 的 SS、25% 的 BOD_5 和 30% 的 COD_{Cr}。初沉池出水进入氧化沟进行生物处理。

处理方法

处理方法如下：

① 关小初沉池进水阀门开度；

② 关小初沉池出水阀门开度，延长初沉池停留时间；

③ 调节初沉池出水 SS 值，使其达到正常值 100mg/mL 以下。

6.3 二沉池维护

任务目标

（1）知识目标

① 理解二沉池排泥故障的原因。

② 理解二沉池构筑物的类型、构造及工作过程等。

（2）能力目标

能够进行二沉池排泥故障处理操作。

6.3 二沉池排泥故障 1

任务综述

（1）技能任务

能够发现故障并处理故障，掌握基本操作和安全事项。

（2）探索任务

探索二沉池排泥的其他故障处理。

情境导入

某处理厂正常运行期间发生故障：①二沉池泥面上升；②出水的SS值超标，为40mg/L；③出水泛黄。

知识链接

经氧化沟处理的污水由重力自流进入二沉池，在二沉池中实现泥水分离，上清液经二沉池出口闸阀排放，剩余污泥排到污泥回流井。

查看二沉池刮泥机情况：点击控制面板，观察面板上红、黄、绿三种指示灯的情况。

处理方法

分析原因为水处理操作时间过长，导致二沉池中污泥积累过多。故需要进行排泥操作，处理方法如下：

① 开大二沉池排泥阀门开度；

② 观察出水情况，出水正常后结束操作。

6.4 氧化沟外沟溶解氧维护

任务目标

（1）知识目标

① 理解氧化沟外沟DO异常的原因。

② 理解氧化沟外沟的构造及工作过程等。

（2）能力目标

能够进行氧化沟外沟的DO调节操作。

6.4 调节外沟溶氧

任务综述

（1）技能任务

能够发现故障并处理故障，掌握基本操作和安全事项。

（2）探索任务

探索氧化沟外沟的其他故障处理。

情境导入

某处理厂正常运行期间氧化沟外沟DO增高，超过正常值0.5mg/L，达到1.0mg/L。

知识链接

经初沉池处理的污水由重力自流进入氧化沟外沟，去除80%～90%的BOD_5、70%～80%的COD、80%～90%的NH_3-N。

处理方法

处理方法如下：

① 设置两速曝气机，选择合适速度的启动按钮（高速挡、低速挡），这里选择低速挡；

② 观察曝气机10min，无异常及DO正常后完成操作。

6.5 氧化沟内沟溶解氧维护

6.5 调节内沟溶氧

任务目标

（1）知识目标

① 理解氧化沟内沟DO异常的原因。

② 理解氧化沟内沟的构造及工作过程等。

（2）能力目标

能够进行氧化沟内沟DO的调节操作。

任务综述

（1）技能任务

能够发现故障并处理故障，掌握基本操作和安全事项。

（2）探索任务

探索氧化沟内沟的其他故障处理。

情境导入

某处理厂正常运行期间，氧化沟内沟DO为1mg/L（正常值为1.5～2.5mg/L）。

知识链接

经初沉池处理的污水由重力自流进入氧化沟，去除80%～90%的BOD_5、70%～80%的COD、80%～90%的NH_3-N。

处理方法

分析原因为曝气机未全功率工作，有曝气机未启动。因此需要启动未启动的曝气机，处理方法如下：

① 设置两速曝气机，选择合适速度的启动按钮（高速挡、低速挡），这里选择高速挡；

② 观察曝气机 10min，无异常及 DO 正常后完成操作。

6.6 进水负荷增大事故处理

任务目标

6.6 处理负荷增大

（1）知识目标

① 理解格栅及提升泵房的功能。

② 理解格栅及提升泵房的构筑物类型、构造及工作过程等。

（2）能力目标

能够进行格栅及提升泵房的调节操作。

任务综述

（1）技能任务

能够发现故障并处理故障，掌握基本操作和安全事项。

（2）探索任务

探索格栅及提升泵房的其他故障处理。

情境导入

某处理厂正常运行期间进水流量增加到 4000m³/d。

知识链接

待处理的污水首先进入粗格栅，粗格栅将污水中大块污物拦截下来，防止堵塞后续单元的机泵和工艺管道。经粗格栅处理的污水进入提升泵房，提升泵将进水提升至后续处理单元所要求的高度，使其实现重力自流，提升泵房出来的污水可进入细格栅，也可分流至事故池。

处理方法

进水流量发生变化，超过处理系统负荷，需要打开事故池分流，处理方法如下：

① 在格栅及提升泵房中，打开进水管旁通阀，将水分流至事故池；

② 确保两个格栅全开；

③ 启动备用提升泵。

6.7 出水 COD 增高事故处理

任务目标

6.7 出水 COD 过高

（1）知识目标

① 理解事故池及氧化沟的功能。

② 理解事故池及氧化沟的构筑物类型、构造及工作过程等。

（2）能力目标

能够进行事故池及氧化沟的调节操作。

任务综述

（1）技能任务

能够发现故障并处理故障，掌握基本操作和安全事项。

（2）探索任务

探索事故池及氧化沟的其他故障处理。

情境导入

某处理厂正常运行期间，出现以下问题：

① 进水 COD 为 680mg/L，出水 COD 为 75mg/mL，浓度超标。

② 在线 DO 仪监测 DO 浓度下降，出水水质超标。

知识链接

污水水质发生变化，进水 COD 增高，可将水分流至事故池，增加氧化沟曝气量，提高生物处理量，增大污泥回流量。

处理方法

① 在格栅及提升泵房中，打开进水管旁通阀，将水分流至事故池；

② 在氧化沟中，设置两速曝气机，选择合适速度的启动按钮（高速挡、低速挡），这里选择高速挡；

③ 在氧化沟中，开启备用污泥回流泵，增大污泥回流量；

④ COD 值降低直至达标（低于 65mg/L）。

6.8 氧化沟发泡事故处理

6.8 泡沫问题

任务目标

（1）知识目标

① 理解氧化沟的功能。

② 理解氧化沟工艺构筑物的类型、构造及工作过程等。

（2）能力目标

能够进行氧化沟的调节操作。

任务综述

（1）技能任务

能够发现故障并处理故障，掌握基本操作和安全事项。

（2）探索任务

探索氧化沟工艺的其他故障处理。

情境导入

某处理厂正常运行期间出现以下问题：①氧化沟表面形成细微的暗褐色泡沫；②回流污泥量过大；③污泥负荷低。

处理方法

操作过程中，污泥回流阀门长期开度过大，氧化沟排泥阀门长期过低，造成氧化沟中污泥过多，氧化沟表面形成细微的暗褐色泡沫，回流污泥量过大，污泥负荷低。确认其他工艺指标正常，处理方法如下：

① 氧化沟增大排泥阀门开度，增大排泥量；

② 减小回流污泥阀门开度，减少回流污泥量；

③ 定时观察氧化沟泡沫问题是否改善。

6.9 释放器故障处理

任务目标

（1）知识目标

① 理解释放器的原理。

② 理解释放器的类型、构造及工作过程等。

（2）能力目标

能够进行释放器故障处理操作。

任务综述

（1）技能任务

能够发现故障并处理故障，掌握基本操作和安全事项。

（2）探索任务

探索释放器可能存在的其他故障问题。

情境导入

在气浮池正常运行期间，释放器释放出大气泡，浮渣面不平。

处理方法

释放器释放出大气泡，说明释放器排放不畅。处理方法如下：

① 在气浮池仿真界面，关闭溶气水阀门；

② 在气浮池仿真界面，打开反冲洗阀门，开度 50 左右，清洗管路；

③ 清洗释放器。

6.10　补水泵故障处理

任务目标

（1）知识目标

① 理解补水泵的原理。

② 理解补水泵的类型、构造及工作过程等。

（2）能力目标

能够进行补水泵故障处理操作。

任务综述

（1）技能任务

能够发现故障并处理故障，掌握基本操作和安全事项。

（2）探索任务

探索补水泵可能存在的其他故障问题。

情境导入

在气浮池正常运行期间，溶气罐水位偏低，气浮池有大气泡。

处理方法

溶气罐水位偏低说明补充水不足，即补水泵故障。

处理方法如下：

① 关闭故障补水泵出水阀门；

② 进入清水池控制面板，点击补水泵电源按钮，关闭故障补水泵；

③ 关闭故障补水泵进水阀门；

④ 打开备用补水泵进水阀门，开度 100；

⑤ 进入清水池控制面板，点击备用补水泵电源，点击运行按钮，启动备用补水泵；

⑥ 打开备用补水泵的出水阀；开度 50；

⑦ 调整补水泵水量至回流量 $62.5m^3/h$；

⑧ 溶气水若为乳白色、气泡均匀，则为状态良好。

能力训练题

1. 设备运行操作技术规程的内容包括（　　）。

A. 设备用途　B. 工作原理　C. 结构和性能　D. 维护保养

2. 设备维修技术规程规定了每种型号设备的（　　）。

A. 故障现象　B. 故障原因分析

C. 故障判断方法及表现状况　D. 故障排除方法

3. 曝气池出口处的污泥浓度应在设计污泥浓度范围内，可以通过控制（　　）来调节曝气池出口处污泥浓度。

A. 剩余污泥排放量　B. 外回流量　C. 溶解氧　D. 进水量

4. 以下会造成二沉池出水浑浊的有（　　）。

A. 表面污泥负荷高，细小污泥未完全沉淀

B. 污泥浓度较高

C. 水力停留时间短

D. 黑色污泥厌氧上浮

5. 反硝化的影响因素有（　　）。

A. pH　B. 温度　C. 底物浓度　D. 溶解氧

参考文献

[1] 王冠 . 智能配电系统在市政污水处理厂的应用 [J]. 建筑电气，2020（5）：84-89.

[2] 刘广胜 . 上海某大型供水厂智能配电系统设计与应用 [J]. 建筑电气，2020（8）：29-34.

[3] 徐进 . 某地下式污水厂智能配电方案设计与思考 [J]. 建筑电气，2022（5）：20-26.

[4] Dong W，Yang Q. Data-Driven Solution for Optimal Pumping Units Scheduling of Smart Water Conservancy [J]. IEEE Internet of Things Journal，2020，7（3）：1919-1926.

[5] Abbasimehr H，Shabani M，Yousefi M. An Optimized Model Using LSTM Network for Demand Forecasting [J]. Computers & Industrial Engineering，2020，143：106435.

[6] Smolak K，Kasieczka B，Fialkiewicz W，et al. Applying Human Mobility and Water Consumption Data for Short-term Water Demand Forecasting Using Classical and Machine Learning Models [J]. Urban Water Journal，2020，17（1）：32-42.

[7] Pesantez J E，Berglund E Z，Kaza N. Smart Meters Data for Modeling and Forecasting Water Demand at the User-level[J]. Environmental Modelling and Software，2020，125：104633.

[8] 叶邓豪 . 取水泵站的运行与调度管理分析 [J]. 水利技术监督，2021（6）：91-92，130.